应用型本科信息安全专业系列教材

数据加密与PKI应用

（微课版）

主　编　王秀英

副主编　杨　峻　房雪键

西安电子科技大学出版社

内 容 简 介

数据加密技术是多种信息安全机制的重要技术基础，也是公钥基础设施的核心技术。本书将数据加密技术原理与应用紧密结合，使读者能够通过应用加深对原理的理解。

本书共 8 章，介绍了密码体制和信息安全机制，包括对称密码体制、公钥密码体制以及散列算法、数字签名与验证、身份识别、密钥管理等，并通过 SSL 协议在 Web 服务中的应用，介绍了数据加密技术与 PKI 的实际应用，书中还融入了课程思政及党的二十大精神内容。本书提供了例题、习题以及微课资源，辅助读者进行学习；还提供了电子课件、电子教案、教学大纲、课后答案等配套资源，读者可登录西安电子科技大学出版社官网 (http://www.xduph.com) 下载。

本书可作为网络空间安全、信息安全、网络工程等专业本科生的教材，也可作为密码学和信息安全领域教师与技术人员的参考书。

图书在版编目 (CIP) 数据

数据加密与 PKI 应用：微课版 / 王秀英主编 . -- 西安：西安电子科技大学出版社，2024.3
ISBN 978-7-5606-7054-6

Ⅰ.①数… Ⅱ.①王… Ⅲ.①加密技术 ②计算机网络—安全技术 Ⅳ.①TN918.4 ②TP393.08

中国国家版本馆 CIP 数据核字 (2023) 第 179416 号

策　　划	明政珠
责任编辑	明政珠　孟秋黎
出版发行	西安电子科技大学出版社(西安市太白南路 2 号)
电　　话	(029)88202421　88201467　　　邮　编　710071
网　　址	www.xduph.com　　　　　电子邮箱　xdupfxb001@163.com
经　　销	新华书店
印刷单位	陕西天意印务有限责任公司
版　　次	2024 年 3 月第 1 版　　2024 年 3 月第 1 次印刷
开　　本	787 毫米 × 1092 毫米　1/16　　印　张　9
字　　数	205 千字
印　　数	1～2000 册
定　　价	36.00 元

ISBN 978-7-5606-7054-6 / TN

XDUP 7356001–1

如有印装问题可调换

◎ 前　言

网络空间是利用全球互联网和计算机系统进行通信、控制与信息共享的动态虚拟空间，已经成为继陆、海、空、天之后的第五空间。网络空间安全面临的威胁与日俱增，网络犯罪和网络攻击也对个人和企业安全构成严重威胁，加强网络空间安全已经成为国家安全战略的重要组成部分。加密技术是保障网络与信息安全的核心技术和基础支撑，是维护国家安全和根本利益的战略性资源。没有网络安全就没有国家安全。

本书全面介绍了数据加密的关键技术及其应用，使读者在理解数据加密原理的同时，建立起完备的知识体系，从而能够正确选择加密技术来构建安全的应用系统。

从纵向上来说，本书分为 4 个部分 (共 8 章)。

第 1 章构成本书的第一部分。这一部分重点介绍了密码体制以及基于密码体制构建的基本数据加密工作机制，使读者从整体上对数据加密技术的应用有一个综合的认识。

第 2、3、4、5 章构成本书的第二部分。其中第 2 章介绍了古典密码，加深读者对"替代"和"换位"技术的理解。第 3 章介绍了对称密码体制中的流密码，使读者充分理解"异或"运算的重要作用，并将密钥流的生成过程与接下来将要介绍的分组加密工作模式相呼应。第 4 章的核心内容是分组加密算法，通过对两个国际标准加密算法的详细介绍，使读者深入理解分组加密算法的典型结构。第 5 章介绍的散列算法不仅与分组加密算法一样，属于"位运算"算法，而且可以作为承上启下的技术，结合接下来将要介绍的公钥密码体制，构建功能强大的安全机制。

第 6、7 章构成本书的第三部分。其中第 6 章是这一部分的重点，介绍了公钥密码体制以及基于公钥密码体制构建的数字签名、身份识别等安全机制。本章通过基于两类数学难解问题的算法的详细介绍，使读者不仅能够掌握公钥密码体制的特点，而且能够深入理解两类数学难解问题的原理和特点。第 7 章主要介绍了集中式密钥分发协议以及基于数学难解问题的密钥协商协议。

第 8 章构成本书的最后一部分。该部分首先介绍了数字证书和公钥基础设施 (PKI)，然后介绍了典型的安全协议——SSL 协议；通过部署安全 Web 服务的案例，将数据加密技术、安全协议、PKI 系统等数据加密技术、体制、机制等进行了综合应用。

从横向上来说，本书在理论讲解的过程中，对于重点、难点问题，通过例题的形式展开讲解。每章安排适量习题，同时提供参考答案，帮助读者巩固所学知识。

本书提供了完备的教学资源，包括教学大纲、授课计划、授课 PPT 等。另外，本书提供微课，针对重点、难点以及拓展知识进行进一步讲解。在本书的拓展资源中，还提供了两个实验案例：一个是微软 EFS(加密文件系统)；另外一个是基于菲尼克斯工业网络安全设备 (工业防火墙) 构建 IPSec VPN，综合应用加密技术、认证技术、数字证书、安全协议等为工业生产环境中控制程序安全下载提供安全网络保障。

本书由王秀英任主编，杨峻、房雪键任副主编。王秀英完成了第 1、2、3、4、5、7 章的编写，杨峻完成了第 6 章的编写，房雪键完成了第 8 章的编写，全书由王秀英负责整理和统稿。本书在编写过程中得到了西安电子科技大学出版社明政珠编辑的真诚帮助，这里表示诚挚的感谢。

由于作者水平有限，书中难免会有不妥之处和疏漏，恳请广大读者给予批评和指正 (作者联系方式：xyvonne@163.com)。

编　者

2023 年 6 月

目　录

第1章　数据加密技术概述

 学习目标

(1) 了解密码学的发展历史。

(2) 掌握对称密码体制的特点，了解常用的对称加密算法。

(3) 掌握公钥密码体制的特点，了解常用的公钥加密算法。

(4) 掌握散列算法的特点，了解常用的散列算法。

(5) 掌握数字信封的工作过程。

(6) 掌握数字签名与验证的工作过程。

(7) 掌握消息鉴别的工作过程。

(8) 了解密码分析方法。

(9) 了解常见的密码攻击方式。

密码学包括密码编码学和密码分析学两个部分，前者主要研究的是密码体制的设计，即结合各种学科的专业设计算法，将原始的数据转变为受该密码体制保护的状态呈现出来；而后者主要研究的是密码体制的破译，即对已有的密码体制进行分析、破解，将受该密码体制保护的数据还原为最初的原始状态。两者之间相辅相成，密不可分。

1.1　密码学的发展历史

密码技术的发展历史漫长。早在古巴比伦时代，就出现了简单的人工加密和消息破译的传统加密方法。随着工业革命的兴起，密码学也进入了机器和电子时代，加密技术被广泛应用于军事、政治、商务等各个领域。

1. 古代加密方法（手工阶段）

公元前 5 世纪，斯巴达人就开始使用一种被称为"天书"的秘密通信工具。它是把羊皮条紧紧缠在木棒上，将密信自上而下写在羊皮条上，然后将羊皮条解开送出。这些不连接的字母表面看起来毫无意义，只有把羊皮条重新缠在一根同样直径的木棒上才能把密信的内容读出来。这是早期的一种"移位"密码。

公元前 2 世纪，希腊历史学家波利比乌斯 (Polybius) 想出了一种传送信号的方法。他把字母排列在一个方表内，并把各横行和纵列标上数字，每个字母用它在横行和纵列的数

字代表。这些数字可以用火把传送, 右手举的火把数量表示字母的第一个代码 (横行数字),
左手举的火把数量表示字母的第二个代码 (纵列数字)。用这种方法可以把信号传送到距
离较远的地方。波利比乌斯方表后来被作为一些密码体制的基础而广泛使用。

Polybius 校验表如表 1-1 所示, 使用这种密码可以将明文 MESSAGE 置换为密文 "32
15 43 43 11 22 15"。

表 1-1　Polybius 校验表

	1	2	3	4	5
1	A	B	C	D	E
2	F	G	H	I/J	K
3	L	M	N	O	P
4	Q	R	S	T	U
5	V	W	X	Y	Z

2. 古典密码 (机械阶段)

密码产生以后发展非常缓慢, 最初的密码编制较简单, 而且都用手工或简单工具进
行操作。在有线电、无线电被发明并被作为第一次世界大战的战争工具后, 密码才很快
地发展起来。古典密码的代表密码体制主要有单表替代密码、多表替代密码及转轮密码,
著名的 Enigma 密码就是第二次世界大战中使用的转轮密码。

第一次世界大战期间, 出现了各式各样的机械密码机。复杂、精巧的密码机由轮子、
齿轮、链杆等组成, 它们代替了繁重的手工加密和解密作业, 在战争中发挥了重要的作用。
第一次世界大战以后, 各国普遍加强了对密码编制和密码破译的研究, 密码科学迅速发
展, 新的密码形态和密码机不断出现。1920 年前后, 美国的赫本 (Hebern E.)、荷兰的科赫
(Koch A.)、德国的舍而比尤斯 (Scherbius A.) 和瑞典的达姆 (Damm A.) 几乎同时发明了电
动密钥轮。这种错乱接点布线的密钥轮实际上是单表替代密码, 多个密钥轮组合起来构成
多表替代密码。替代密码体制是第二次世界大战中最重要的密码体制, 其中有一部分已经
被破译。由于电动密钥轮密码机与机械密码机相比具有制造方便、容易操作、变化灵活等
优点, 经过不断改进, 有些国家至今仍在使用。

第二次世界大战前后, 随着晶体管的出现和通信技术的发展, 出现了电子密码机。美
国主流的密码机有用于电报加密的 KW 型系列、用于语音加密的 KY 型系列、用于各种数
据加密的 KG 型系列, 并用这类密码机逐步取代了机械密码机和电动密码机。这类密码机
适应性强、速度快、变化复杂, 因此在美国之后, 苏联、英国、法国等国家也陆续研制和
使用这类密码机。

3. 近代密码 (计算机阶段)

20 世纪 70 年代初, 电子技术进入微电子时代, 大规模集成电路和微型处理器被引
入密码通信中, 进一步加快了密码和密码机的发展进程。用程序实现编码的计算机密码
也是从这个时期开始出现的。这个时期密码领域发生的两大事件介绍如下。

(1) 1976 年，美国斯坦福大学的 Diffie 和 Hellman 两人首次提出公钥密码体制，它的特点是加密与解密使用不同的密钥，所以也被称为非对称密码体制。这种密码体制的出现解决了密钥管理的难题，但是公钥密码体制加密速度慢 (RSA 非对称加密算法就属于这种密码体制)。

(2) 1977 年 1 月，美国国家标准局 (National Bureau of Standards，NBS) 公布了数据加密标准 (Data Encryption Standard，DES)。这是一种可以用硬件实现，也可以用软件实现的密码方案。DES 从实施之日起，每 5 年评审一次，一直沿用到 2000 年高级加密标准 (Advanced Encryption Standard，AES) 出现，并与 AES 并存使用。

如今，密码学的应用已经深入到我们生活的各个方面，如数字证书、网上银行、身份证、社保卡、税务管理等，密码技术在其中发挥了关键作用。

4. 密码学的未来发展

正处于发展和应用鼎盛时期的现代密码学却受到即将出现的量子计算机的严重挑战。量子计算机能够实现传统数字电子计算机所做不到的并行算法，利用这种算法可以轻易地破解 RSA 等密码，从而让基于这些密码安全体系的因特网、电子商务系统等即刻崩溃。

为了应对量子计算机的挑战，密码学家们正在抓紧研究各种抗量子计算的密码。目前看来，基于量子力学原理的量子密码、基于分子生物技术的 DNA 密码、基于量子计算机所不擅长的数学问题的密码以及混沌密码等很有希望成为抗量子计算的未来密码主流。它们的发展、应用以及互相之间的结合、取长补短，将会成为未来密码学的主题。

1.2　密 码 体 制

为了保护隐私数据或机密文件，使用加密技术对这些数据进行处理，防止这些数据被窃取或篡改所采用的方法叫作数据加密。在狭义上，数据加密可以防止数据被有意或无意地查看、修改，或在原本不安全的信道上提供安全信道。在广义上，数据加密可以实现数据的保密性、完整性、身份验证、抗抵赖等目的。

一个现代密码系统包括明文 / 消息 (Plaintext/Message)、密文 (Ciphertext)、加 / 解密算法 (Encryption/Decryption Algorithm)、加 / 解密密钥 (Encryption/Decryption Key)。

(1) 明文 / 消息：作为加密输入的原始消息，即消息的原始形式，一般用 M 表示。

(2) 密文：明文变换后的一种隐蔽形式，一般用 C 表示。

(3) 加 / 解密算法：将明文变换为密文的一组规则称为加密算法；将密文变换为明文的一组规则称为解密算法。加密算法可以用函数 E( ) 表示；解密算法可以用函数 D( ) 表示。

(4) 加 / 解密密钥：控制加密或解密过程的数据，用 K 表示 (加密密钥表示为 Ke，解密密钥表示为 Kd)。使用相同的加密算法，通过变换不同的密钥可以得到不同的密文。

图 1-1 是密码系统中各个要素之间的关系。加 / 解密的过程可以用公式 (1-1) 描述。

$$加密：C = E_{Ke}(M)$$
$$解密：M = D_{Kd}(C)$$

(1-1)

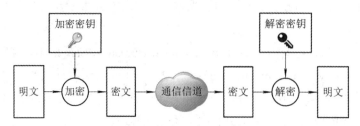

图 1-1　密码系统中各个要素之间的关系

1.2.1　对称密码体制

对称密码体制中所包含的加密算法被称为对称加密算法（有时又被称为单密钥加密算法或传统加密算法）。对称加密算法是指加密时使用的密钥与解密时使用的密钥相同（或者可以相互推算出来），即 Ke = Kd。

在近代密码学中，由于加密算法是公开的，因此被加密数据的安全性取决于密钥。在对称密码体制中，通信双方需要保证密钥在安全的通信介质上传递，不被攻击者获取。另外，因为加 / 解密密钥相同或者可以相互推算，所以通信双方都必须保证密钥不泄露，否则被加密数据的安全性就不能得到保障。仅使用对称加密算法的系统需要维护的密钥数量庞大，比如一个拥有 n 个用户的系统，如果用户两两之间需要通过对称加密算法进行保密通信，那么每个用户需要拥有 (n - 1) 个密钥，整个系统需要维护 $\dfrac{n \times (n-1)}{2}$ 个密钥。

对称加密算法可以分为两类：流加密算法和分组加密算法。运算过程主要包括二进制位的变换（例如异或运算、扩展、查表等），其运算效率较高。流加密算法是指一次只对明文中的一个比特位或一个字节进行运算的加密算法，有时也被称为序列算法或序列密码。常用的流加密算法包括 RC4、A5、SEAL、ZUC(祖冲之算法) 等。分组加密算法是指一次对明文中的一组比特位进行运算，这组比特位被称为分组。现代计算机分组加密算法的典型分组大小为 64 bit 或 128 bit，这个长度大到足以防止分析破译，又小到可以方便使用。常用的分组对称加密算法包括 DES、IDEA、AES、SM1/SM4/SM7 等。

1. DES 算法

DES 是美国国家标准局制定的分组密码标准。1973 年，美国国家标准局发布了公开征集标准密码算法的通知，确定了一系列设计准则，如算法必须提供较高的安全性，算法的安全性必须依赖于密钥而不依赖于算法，算法必须能出口等。最终，IBM 公司设计的Lucifer 算法被选为数据加密标准。DES 于 1977 年被美国采纳为联邦信息处理标准。该标准规定每隔 5 年重新评估 DES 是否能够继续作为联邦标准。最近的一次评估时间是 1994年 1 月，通过评估决定 1998 年 12 月以后 DES 不再作为联邦加密标准，同时开始征集和制定新的加密标准。

DES 算法使用 64 bit 的密钥加密 64 bit 明文分组，得到 64 bit 密文分组。密钥中每个字节的最后 1 bit(总共 8 bit) 作为对应字节的奇偶校验位，所以 DES 密钥中的有效密钥为 56 bit。

　　DES 的最大缺点是密钥较短，不能抵抗蛮力攻击，这也促使人们开发其他算法来增加密钥长度以及算法安全性。3DES 算法 (三重 DES 算法) 通过执行 DES 算法的 "加密—解密—加密" 3 次运算，并使用两个 DES 密钥，使得有效密钥长度扩展到 112 bit，达到了军事级别的安全要求，是目前常用的分组对称加密算法。

2. IDEA 算法

　　IDEA(International Data Encryption Algorithm，国际数据加密算法) 是 1990 年由瑞士联邦技术学院的中国学者来学嘉和著名的密码学家马西 (Massey) 联合提出的建议标准算法。来学嘉和马西在 1992 年对该算法进行了改进，强化了抗差分分析的能力。

　　IDEA 算法对 64 bit 大小的明文分组进行加密，密钥长度为 128 bit，密文分组大小位为 64 bit。该算法用硬件和软件实现都很容易，并且效率高。IDEA 自问世以来经历了大量的详细审查，对密码分析具有很强的抵抗能力，在多种商业产品中被使用。

3. AES 算法

　　1997 年 1 月，美 国 国 家 标 准 和 技 术 研 究 所 (National Institute of Standards and Technology，NIST) 宣布征集新的加密算法。2000 年 10 月，由比利时设计者 Joan Daemen 和 Vincent Rijmen 设计的 Rijndeal 算法以其优秀的性能和抗攻击能力，最终赢得了胜利，成为新一代加密标准——AES。Rijndeal 算法是分组加密算法，分组长度和密钥长度都可变，可以为 128 bit、192 bit 或 256 bit。但是 AES 的分组长度只有 128 bit，输出的密文长度也是 128 bit，也就是说只有分组长度为 128 bit 的 Rijndael 算法才是 AES 算法。

4. SM1/SM4/SM7 算法

　　SM1/SM4/SM7 算法是我国研发的国家商用密码算法。SM1 算法的分组长度、密钥长度都是 128 bit，算法安全保密强度与 AES 相当，但是算法存储于芯片中，不对外公开，需要通过加密芯片的接口进行调用。采用该算法已经研制了系列芯片、智能 IC 卡、智能密码钥匙、加密卡、加密机等安全产品，广泛应用于电子政务、电子商务及国民经济的各个应用领域 (包括国家政务通、警务通等重要领域)。

　　与 SM1 类似，SM4 是我国自主设计的分组密码算法，于 2012 年 3 月 21 日发布，用于替代 DES、AES 等国际标准算法。SM4 算法的密钥长度、分组长度都是 128 bit。

　　SM7 算法没有公开，它适用于非接触式 IC 卡应用，包括身份识别类应用 (门禁卡、工作证、参赛证等)，票务类应用 (大型赛事门票、展会门票等)，支付卡类应用 (积分消费卡、校园一卡通、企业一卡通、公交一卡通等)。

1.2.2　公钥密码体制

　　公钥密码体制所包含的加密算法被称为公钥加密算法 (或者非对称加密算法)。使用公钥加密算法，加密和解密使用不同的密钥，即 Ke ≠ Kd。用于加密的密钥称为公钥，可以公开；用于解密的密钥称为私钥，必须被所有者秘密保存。

　　公钥加密算法为需要秘密通信的实体提供一对密钥，这对密钥具有以下两个特性：

(1) 用公钥加密的消息只能用相应的私钥解密，反之亦然。

(2) 如果想从一个密钥推知另一个密钥，在计算上是不可行的。

使用公钥加密算法的系统需要维护的密钥数量相对较少，例如对于一个拥有 n 个用户的系统，用户两两之间需要使用公钥加密算法进行秘密通信，那么每个用户只需要一对密钥，整个系统仅需维护 n 对密钥。

根据公钥加密算法的特性，它既可以用于数据加密与解密，也可以用于数字签名与验证。

公钥加密算法用于数据加密与解密的基本使用过程是：由消息接收方提供一对密钥，其中公钥用于加密，可以公开；私钥用于解密，必须由接收方秘密保存。消息发送方利用接收方的公钥加密消息并发送给接收方，接收方利用私钥解密消息。

公钥加密算法用于数字签名与验证的基本使用过程是：由消息签名方提供一对密钥，其中公钥用于验证，可以公开；私钥用于签名，必须由签名方秘密保存。消息签名方利用自己的私钥签名（加密）消息并发送给验证方，验证方利用签名方的公钥验证（解密）消息。

相较于对称加密算法，公钥加密的加密效率低。目前使用的公钥加密算法主要基于两类数学难解问题，其中基于"大数分解"难题的公钥加密算法包括 RSA、ECDSA、Rabin 等算法；基于"离散对数"难题的公钥加密算法包括 ElGamal、ECC、ECDH、SM2/SM9 等算法。其中部分算法介绍如下：

1. RSA 算法

RSA 算法是目前使用非常广泛的公钥加密算法之一，它是由 Rivest、Shamir 和 Adleman 于 1977 年提出并于 1978 年发表的。RSA 算法的安全性基于 RSA 问题的困难性，也基于大整数因子分解的困难性。但是 RSA 问题不会比因子分解问题更难。也就是说，在没有解决因子分解问题的情况下可能会解决 RSA 问题。因此，RSA 算法并不完全基于大整数因子分解的困难性。

RSA 算法中，公钥表示为二元组 (n, e)，私钥表示为二元组 (n, d)。加密或签名过程中，首先将消息分组编码为数字，然后计算其 e 或 d 的指数次幂的值，并对 n 求模；解密或验证过程中，首先对密文计算 d 或 e 的指数次幂的值，并对 n 求模，然后将计算得到的数值解码为消息分组。

2. ElGamal 算法

ElGamal 算法是由 ElGamal 于 1985 年提出的，是一种基于离散对数问题的公钥加密算法。该算法可以用于加密，在改造后还可以用于数字签名。

3. ECC 算法

ECC 算法 (Elliptic Curve Cryptography，椭圆曲线加密算法) 也属于公钥加密算法，其安全性依赖于计算"椭圆曲线上的离散对数"难题。与 RSA 算法相比，ECC 算法安全性能高，计算量小，处理速度快，存储空间小，带宽要求低。基于以上优点，ECC 算法在移动通信和无线通信领域得到广泛应用。

4. SM2/SM9 算法

SM2/SM9 算法是我国研发的国家商用密码算法。

SM2 算法是基于椭圆曲线的公钥加密算法标准，其密钥长度为 256 bit，可以提供数字签名、密钥交换和公钥加密功能，用于替换 RSA、DH、ECDSA、ECDH 等国际算法。SM2 算法可以满足电子认证服务系统等应用需求，由国家密码管理局于 2010 年 12 月发布。SM2 采用 ECC 256 bit，其安全强度比 RSA 2048 bit 高，且运算速度快于 RSA 算法。

SM9 是基于标识的公钥加密算法，可以实现基于标识的数字签名算法、密钥交换协议、密钥封装机制和公钥加密与解密算法。SM9 可以替代基于数字证书的 PKI/CA 体系。SM9 主要用于用户的身份认证。SM9 的加密强度等同于 3072 bit 密钥的 RSA 加密算法，于 2016 年 3 月发布。

1.2.3　散列算法

散列算法 (也称为散列函数) 提供了这样一种服务：它对不同长度的输入消息，产生固定长度的输出。这个固定长度的输出被称为原输入消息的"散列"或"消息摘要"(Message Digest)。对于一个安全的散列算法，这个消息摘要通常可以直接作为消息的认证标签，所以这个消息摘要又被称为消息的数字指纹。散列函数表示为 Hash( )，音译为"哈希"函数。散列算法运算过程执行二进制位运算，因此散列算法运算效率比较高。

如下所示是通过 MD5 散列算法分别计算出的字符串以及一份文件的散列值 (128 bit)，可以看到无论处理的消息的长度如何，同一种散列算法运算得到的散列值的长度是相同的。

MD5(www.zdtj.cn) = C5 0E 76 67 F8 3F 34 D1 19 7E B5 40 57 02 D6 9C

MD5( ) = 32 22 C6 61 B7 78 BF 21 4E 5A 28 F0 68 89 FF 99

1. 散列函数的特性

散列函数具有压缩性、单向性和抗碰撞性。

1) 压缩性

散列函数的压缩性体现在以下两个方面：

(1) 散列函数的输入长度是任意的，也就是说散列函数可以应用到大小不一的数据上。

(2) 散列函数的输出长度是固定的。根据目前的计算技术，散列函数的输出长度应至少为 128 bit。

2) 单向性

散列函数的单向性体现在以下两个方面：

(1) 对于任意给定的消息 x，计算输出其散列值 Hash(x) 是很容易的。

(2) 对于任意给定的散列值 h，要发现一个满足 Hash(x) = h 的 x，在计算上是不可行的。

3) 抗碰撞性

散列函数的抗碰撞性体现在以下两个方面：

(1) 对于任意给定的消息 x，要发现一个满足 Hash(y) = Hash(x) 的消息 y，而 y ≠ x，在计算上是不可行的。

(2) 要发现满足 Hash(x) = Hash(y) 的 (x, y) 对，在计算上是不可行的。

目前，已研制出适合于各种用途的散列算法。这些算法都是伪随机函数，任何散列值都是等可能的；输出并不以可辨别的方式依赖于输入；任何输入串中单个比特的变化，将会导致输出比特串中大约一半的比特位发生变化。

2. 典型的散列算法

1) MD 算法

MD2(Message Digest Algorithm) 算法是 Rivest 在 1989 年开发出来的，在处理过程中首先对信息进行补位，使信息的长度是 16 的倍数，然后以一个 16 bit 的校验和追加到信息的末尾，并根据这个新产生的信息生成 128 bit 的散列值。

Rivest 在 1990 年又开发出 MD4 算法。MD4 算法也需要信息的填充，它要求信息在填充后加上 448 能够被 512 整除。用 64 bit 表示消息的长度，放在填充比特之后。该算法生成的散列值为 128 bit。

MD5 算法是由 Rivest 在 1991 年设计的，在 FRC 1321 中作为标准描述。MD5 以 512 bit 数据块为单位来处理输入，产生 128 比特的消息摘要。

2) SHA 算法

SHA(Secure Hash Algorithm) 由 NIST 开发，并在 1993 年作为联邦信息处理标准公布。在 1995 年公布了其改进版本的 SHA-1。SHA 与 MD5 的设计原理类似，同样也以 512 bit 数据块为单位来处理输入，但它产生 160 bit 的消息摘要，具有比 MD5 更强的安全性。

在 2004 年，NIST 宣布他们将逐渐减少使用 SHA-1，改以 SHA-2 取而代之。SHA-2 包含 SHA-224、SHA-256、SHA-384 和 SHA-512 算法。其中 SHA-224 算法的分组大小是 512 bit，消息摘要长度为 224 bit；SHA-256 算法的分组大小是 512 bit，消息摘要长度为 256 bit；SHA-384 算法的分组大小是 1024 bit，消息摘要长度为 384 bit；SHA-512 算法的分组大小是 1024 bit，消息摘要长度为 512 bit。

3) SM3 算法

SM3 算法是我国研发的国家商用密码算法。

SM3 用于替代 MD5、SHA-1、SHA-2 等国际算法，适用于数字签名和验证、消息认证码的生成与验证以及随机数的生成，可以满足电子认证服务系统等应用需求，于 2010 年 12 月发布。它是在 SHA-256 基础上改进实现的一种算法，采用加强式迭带结构，消息分组大小是 512 bit，输出的摘要长度为 256 bit。

1.3　数据加密工作机制

综合应用对称加密、公钥加密和散列算法各自的特点，可以实现多种安全机制，本节主要介绍数字信封、数字签名与验证、消息鉴别机制，这些安全机制与密码体制 (包括散列算法) 之间的关系如图 1-2 所示。

图 1-2　安全机制与密码体制之间的关系

1.3.1　数字信封

与对称加密算法相比公钥加密算法的优点是能够很好地解决密钥分发问题，缺点是加密效率低。目前的加密系统通常都综合应用对称加密算法和公钥加密算法，在保证加密运算效率的同时解决密钥分发问题，这一应用方式称为数字信封机制。

图 1-3 是数字信封工作过程，使用对称加密算法加密数据，使用公钥加密算法分发对称加密算法所使用的会话密钥，具体过程如下：

(1) 发送方生成一个随机对称密钥 K，即会话密钥；

(2) 发送方用会话密钥加密明文，得到密文；

(3) 发送方用接收方的公钥加密会话密钥 K，形成数字信封；

(4) 发送方将数字信封和密文发送给接收方；

密码体制与数字信封

(5) 接收方用自己的私钥解密数字信封得到会话密钥 K；

(6) 接收方用会话密钥 K 解密密文得到明文。

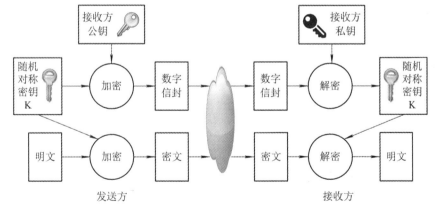

图 1-3　数字信封工作过程

1.3.2　数字签名与验证

在网络环境下，数字签名与验证技术是信息完整性和不可否认性的重要保障。信息的发送方可以对电子文档生成数字签名，信息的接收方收到文档及其数字签名后，可以验证签名的真实性。身份验证则是基于数字签名技术为网络世界中的通信实体的身份提供验证。

事实上，数字签名就是用私钥进行加密，而验证就是利用公钥进行正确的解密。在公钥密码体制中，因为公钥无法推算出私钥，所以公开的公钥并不会损害私钥的安全性；公钥无须保密，可以公开传播，而私钥一定是个人秘密持有的，因此某人用其私钥加密消息，能够用他的公钥正确解密就可以肯定该消息是由拥有这个公钥的人签署的。

使用公钥密码体制加密长消息的效率非常低，所以需要利用散列函数对消息进行处理，生成一个能够代表该消息的消息摘要（也被称为消息的数字指纹）。这个消息摘要非常短小，可以利用私钥对其进行加密（签名）生成数字签名，如图 1-4 所示。

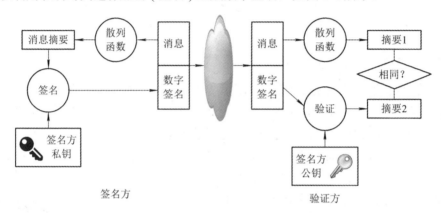

图 1-4   数字签名与验证工作过程

假设用户 A 向用户 B 发送消息 M 并进行签名，用户 B 收到消息及签名后进行验证的过程如下。

1. 用户 A 方的操作过程

(1) 确定安全散列函数；

(2) 建立密钥对，其中 (n, d) 是私钥；(n, e) 是公钥；

(3) 进行签名操作：计算消息 M 的摘要 $h = Hash(M)$，计算 $s = Sign_d(h) = h^d \bmod n$，得到消息签名对 (M, s)。

2. 用户 B 方的操作过程

用户 B 收到用户 A 发过来的消息签名对 (M, s) 后，做以下操作：

(1) 计算 $h' = Hash(M)$；

(2) 计算 $h'' = s^e \bmod n$；

(3) 如果 $h' = h''$，则验证通过，否则验证失败。

在 Diffie 和 Hellman 于 1976 年首次提出数字签名概念后，RSA 签名体制是第一个数字签名体制。目前常用的数字签名体制包括 RSA、ECC、ElGamal 等，另外还包括由美国国家标准局制定的数字签名标准 (Digital Signature Standard，DSS)。

1.3.3 消息鉴别

消息鉴别是指消息的接收方检验收到的消息是否为真实消息，即验证消息在传输过程

中是否被篡改 (消息是否具备完整性)。

通过消息鉴别码 (Message Authentication Code，MAC) 可以对消息进行鉴别。消息鉴别码基于对称加密技术和散列算法，其形式如公式 (1-2) 所示。

$$MAC = Hash(k \parallel M) \tag{1-2}$$

其中，Hash( ) 是通信双方协商好的散列算法，如 MD5、SHA-1 等；k 是通信双方共享的对称密钥；M 是消息；‖ 表示比特串的连接。

消息鉴别过程如图 1-5 所示。证明方将消息 M 和 MAC 一起发送给接收方。接收方收到后用协商好的散列函数对双方共享的密钥 k 和消息 M 的连接进行运算，生成 MAC'。如果 MAC' 和 MAC 相同，则消息通过鉴别，否则消息鉴别失败。

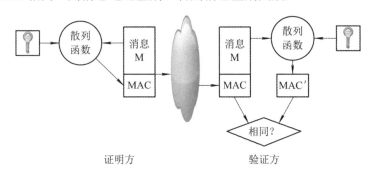

图 1-5　消息鉴别过程

1.4 密 码 分 析

使消息保密的科学和技术叫作密码编码学；破译密文的科学和技术叫作密码分析学。密码学包括密码编码和密码分析两部分。

1. 密码分析方法

对密码进行分析的尝试称为攻击 (Attack)，其目的是恢复出消息的明文、密钥或其他有价值的信息。密码分析可以发现密码体制的弱点，为创建更强壮的密钥系统提供信息。

密码分析者攻击密码的方法主要有穷举攻击 (Exhaustive Attack)、统计分析攻击 (Statistical Analysis Attack) 和数学分析攻击 (Mathematical Analysis Attack)。

(1) 穷举攻击：密码分析者通过遍历全部密钥空间的方式对所获密文进行解密，直到获得正确的明文的攻击方法；或者密码分析者用一个确定的密钥对所有可能的明文进行加密，直到获得正确的密文。从理论上说，只要有足够的资源，任何密文都可以通过穷举攻击法破译。

(2) 统计分析攻击：密码分析者通过分析密文和明文的统计规律破译密文。许多古典密码都可以通过分析密文字母和字母组的频率及其他统计参数来破译。为了对抗统计分析，必须设法使明文的统计特征不带入密文。这样，密文不带有明文的痕迹，从而使统计分析攻击无法达到目的。近代密码设计的基本要求包含抵抗统计分析攻击。

(3) 数学分析攻击：密码分析者针对加 / 解密算法的数学基础和某些密码学特征，通过数学求解的方法来破译密码。数学分析攻击是基于数据难题的各种密码的主要威胁。对抗这种攻击的方法是选用具有坚实数学基础和足够复杂度的加 / 解算法。

2. 密码分析攻击方式

常见的密码分析攻击方式有以下四类。

(1) 唯密文攻击 (Ciphertext-only Attack)：密码分析者有一些消息的密文，这些消息都用同一加密算法和密钥加密。密码分析者的任务是尽可能多地恢复明文或推算出密钥。

(2) 已知明文攻击 (Known-plaintext Attack)：密码分析者不仅可以得到一些消息的密文，而且知道这些密文对应的明文。其任务是用得到的信息推导出用来加密的密钥或导出一个算法，以便对用同一密钥加密的任何新密文进行解密。

(3) 选择明文攻击 (Chosen-plaintext Attack)：密码分析者有权限指定明文，并获得其对应的密文。由于明文是经过选择的，提供了更多可被利用的信息，因此其攻击能力更强。

(4) 选择密文攻击 (Chosen-Ciphertext Attack)：密码分析者能自行选择不同的被加密的密文，并可得到相应的明文。

除了选择明文攻击和选择密文攻击外，还有自适应性攻击，即密码分析者根据前面的结果，调整自己对要加密的明文消息或要解密的密文的选择。事实上，只有"一次一密"乱码本才是不可破译的，在运算资源足够的前提下，其他密码系统在唯密文攻击中都是可以破译的。如果一个密码算法利用所能得到的资源都不能破译，那么这个算法可以被认为在计算上是安全的。

3. 破译等级

通常，破译有以下几种等级。

(1) 全部破译 (Total Break)：密码分析者找出了密钥。

(2) 全盘推导 (Global Deduction)：密码分析者找到了一个替代算法，在不知道密钥的情况下等价于解密算法。

(3) 实例或局部推导 (Instance or Local Deduction)：密码分析者从密文中找到了明文。

(4) 信息推导 (Information Deduction)：密码分析者获得了一些关于密钥或明文的有价值的信息。

习　　题

1. 填空题

(1) 密码学分为 (　　) 和 (　　) 两部分，前者研究对数据的保护，后者研究被保护数据的破解方法。

(2) 第一个作为标准被公开的分组对称加密算法是 (　　)。

(3) 一个包含 100 名用户的系统中，用户两两之间需要秘密通信。如果完全使用对称加密算法，则系统需要维护 (　　) 对密钥；如果完全使用公钥加密算法，则系统需要维护 (　　) 对密钥。

(4) DES 算法的明文分组大小为 (　　) bit，密钥大小为 (　　) bit，有效密钥大小为 (　　) bit。3DES 算法的有效密钥大小为 (　　) bit。

(5) IDEA 算法的明文分组大小为 (　　) bit，密钥大小为 (　　) bit。

(6) AES 算法的明文分组大小为 (　　) bit，密钥大小为 (　　)、(　　) 或 (　　) bit。

(7) 基于大数分解难题的公钥加密算法有 (　　)、(　　)、(　　) 等；基于离散对数难题的公钥加密算法有 (　　)、(　　)、(　　) 等。

(8) 散列算法的特性包括 (　　)、(　　) 和 (　　)。

(9) MD5 散列算法的分组大小为 (　　) bit，散列值大小为 (　　) bit。SHA-256 散列算法的分组大小为 (　　) bit，散列值大小为 (　　) bit。

(10) 我国的商用密码算法中，对称加密算法有 (　　)、(　　) 和 (　　)；公钥加密算法有 (　　) 和 (　　)；散列算法是 (　　)。

(11) 数字信封机制综合应用了 (　　) 和 (　　) 技术。

(12) 数字签名与验证机制中，签名方使用 (　　) 签名，验证方使用 (　　) 验证签名。

(13) 消息鉴别机制中，MAC 是 (　　)。

2. 简答题

(1) 简述现代密码系统包含哪些要素，并用数学公式表示这些要素之间的关系。

(2) 对比对称加密技术与公钥加密技术的区别。

(3) 简述 3DES 算法与 DES 算法的关系。

(4) 简述公钥加密算法的一对密钥中，公钥与私钥的关系。

(5) 简述公钥加密算法的两类应用的工作过程。

(6) 简述数字信封机制的工作过程。

(7) 简述数字签名与验证机制的工作过程。

(8) 简述消息鉴别机制的工作过程。

3. 问答题

(1) 对比对称加密技术与公钥加密技术的区别。

(2) 分析为什么数字签名与验证机制中需要使用散列算法。

(3) 分析不同攻击方式之间的区别。

第2章　古典加密方法

 学习目标

(1) 了解替代技术和换位技术的区别。

(2) 理解单码加密法、多码加密法、多图加密法、换位加密法的特点。

(3) 掌握典型的单码加密法的原理，包括凯撒加密法、关键词加密法、仿射加密法。

(4) 掌握典型的多码加密法的原理，包括维吉尼亚加密法、圆柱面加密法、回转轮加密法。

(5) 掌握典型的多图加密法的原理，包括 Playfair 加密法、Hill 加密法。

(6) 掌握典型的换位加密法的原理，包括置换加密法、列置换加密法。

在计算机普及之前，很多经典加密法就已经被开发出来了，一些加密法现在还被密码爱好者所使用。经典加密法可以使用手工的方式完成文字的加密和解密，对其算法的本质及其特点进行研究，可以帮助我们更好地理解现代加密方法。

古典加密方法可以分为"替代"技术和"换位"技术，单码加密、多码加密和多图加密都属于替代技术。下面分别介绍这几种加密方法。

2.1　单码加密法

古典加密方法分类

单码加密法是一种替代加密技术，每个明文字符只能被唯一的一个密文字符所替代。

2.1.1　凯撒加密法

凯撒加密法是把字母表中的每个字母用该字母后面第 3 个字母代替。替换方法如表 2-1 所示。

表 2-1　凯撒密码

明文	a	b	c	d	e	f	g	h	i	j	k	l	m	n	o	p	q	r	s	t	u	v	w	x	y	z
密文	D	E	F	G	H	I	J	K	L	M	N	O	P	Q	R	S	T	U	V	W	X	Y	Z	A	B	C

如果为每个字母分配一个数值 (a = 1，b = 2，…)，则该加密法可以用公式 (2-1) 表示。

$$加密算法：C = (m + 3) \bmod 26$$
$$解密算法：m = (C - 3) \bmod 26$$

(2-1)

其中：m 表示明文，C 表示密文，密钥为 3。

采用凯撒加密法的替代思想，可以用字母表中每个字母后面第 n 个字母替代当前字母，该算法的密钥空间 (可以使用的不同密钥的个数) 为 25。

如果"攻击者"知道通信双方使用了凯撒加密方法，那么他利用密文 (唯密文攻击)，依次尝试所有的密钥 (穷举攻击)，就可以轻松地获得明文。

凯撒加密法的问题是密钥空间太小，如果加大密钥空间，就可以抵抗攻击者的穷举攻击。

2.1.2　关键词加密法

关键词加密法选择一个词组作为密钥，这样可以加大密钥空间，使得穷举攻击无效。

1. 关键词加密法的构造

(1) 选择一个关键词，如果该关键词中有重复的字母，则去除重复的字母。例如，如果选定的关键词是 success，则使用 suce。

(2) 将该关键词写在字母表下方，并用字母表中剩余的其他字母按标准顺序填写余下的空间。

例如，当输入的关键词为 I LOVE MY COUNTRY 时，对应的替代表如表 2-2 所示。

表 2-2　加入关键词后的替代表

a	b	c	d	e	f	g	h	i	j	k	l	m	n	o	p	q	r	s	t	u	v	w	x	y	z
I	L	O	V	E	M	Y	C	U	N	T	R	A	B	D	F	G	H	J	K	P	Q	S	W	X	Z

ILOVEMYCUNTR 是关键词 I LOVE MY COUNTRY 略去前面已经出现过的字符 O 和 Y 依次写下的。后面 ABD…WXZ 则是关键词中未出现的字母按照英文字母表顺序排列成的。关键词可作为密钥，记住这个密钥词组就能掌握字母加密替代的过程。

例如，明文：meet　　me　　after　　the　　toga　　party
则对应密文：AEEK　AE　IMKEH　KCE　KDYI　FIHKX

关键词加密法的另外一种改进方式是：允许关键词从字母表的任意位置开始。例如，上述关键词如果从字母 k 开始，则替代方法如表 2-3 所示。

表 2-3　关键词从字母 k 开始替代

a	b	c	d	e	f	g	h	i	j	k	l	m	n	o	p	q	r	s	t	u	v	w	x	y	z
G	H	J	K	P	Q	S	W	X	Z	I	L	O	V	E	M	Y	C	U	N	T	R	A	B	D	F

2. 关键词加密法分析

如果使用穷举攻击的方法破解关键词加密法加密的密文，那么需要尝试的密钥数量庞大，如果使用手工方式进行尝试，显然是不可行的。不过使用计算机技术进行暴力破解，还是可行的。另外一种破解方法是使用字典攻击法。这种攻击方法的原理是计算机使用字典中的每个词进行尝试，直到找到一个能破解该加密法的关键词为止。

一种巧妙地破解关键词加密法密文的方式是字母统计分析法。例如攻击者截获了一段密文，并且知道是通过关键词加密法生成的，那么他就可以对密文中的字母频率进行分析。

1) 字母频率信息

英文字母的出现频率是不同的，例如字母 e 出现的频率最高，大约是 12.75%。如果密文中某个字母出现的频率也接近 12.75%，那么这个密文字母很有可能对应明文字母 e。在攻击者获得的密文足够长的情况下，通过字母频率分析的方法找出对应的明文以及关键词 (密钥) 是可行的。

2) 首选关联集

当密文的长度有限时，密文的频率样本可能会产生偏差，造成通过字母频率信息破解明文失败。在密文破解过程中，可以使用双联字母 (双字母组合) 或三联字母 (三字母组合) 对密文进行分析。

在英文中，每个字母都有这样一个集合，它常与这个集合中的字母同时出现。例如：th、he、er 字母对，或者三字母 ing 一起出现非常普遍。另外，还有以下一些特性可供参考：

(1) 字母 r 的双联集合元素最多。

(2) 除 io 以外，元音字母 a、i、o 互不关联。

(3) 在元音字母的关联中，ea 最多。

(4) n 前面的字母，80% 都是元音字母。

(5) h 经常出现在字母 e 的前面，几乎从不出现在其后面。

通过以上首选关联集，可以辅助破解通过关键词加密法加密的密文。

2.1.3 仿射加密法

单码加密法的另一种形式是仿射加密法 (Affine Cipher)。

1. 仿射加密法的构造

在仿射加密法中，字母表的字母被赋予一个数字，例如 a = 0, b = 1, …, z = 25。仿射加密法的密钥为 0～25 之间的数字对 (a, b)。其中，a 与 26 的最大公约数必须为 1，即 GCD(a, 26) = 1，也就是说能整除 a 和 26 的数只有 1，b 是 0～25 之间的一个整数。

假设 m 为明文字母对应的数字，而 C 为密文字母对应的数字，那么这两个数字之间的关系如公式 (2-2) 所示。

$$C = (a \cdot m + b) \bmod 26 \tag{2-2}$$

例如，选取密钥为 (7, 3)，利用这个密钥，通过仿射加密法加密明文 hot。首先，将 hot 转换为数字 7，14，19，利用仿射等式生成：

(1) C(h) = (7 × 7 + 3) mod 26 = 52 mod 26 = 0，即字母 A；

(2) C(o) = (7 × 14 + 3) mod 26 = 101 mod 26 = 23，即字母 X；

(3) C(t) = (7 × 19 + 3) mod 26 = 136 mod 26 = 6，即字母 G。

这样，对于这个密钥，hot 变成了 AXG。

2. 仿射加密法分析

仿射加密法同关键词加密法一样，都属于单码替代技术，即明文的每个字母分别只映射到一个密文字母。因此，破解关键词加密法的方式同样适用于仿射加密法，唯一不同的是替代模式不是基于关键词。但是，通过给定一个已知明文，求解出仿射方程式，破解仿射加密法其实是更容易的。

(1) 唯密文攻击：攻击者得到通过仿射加密法加密的密文后，首先进行频率分析，至少确定两个字母的替换，例如明文 e 由 C 替代，明文 t 由 F 替代。

(2) 选择明文攻击：将已经确定的明文与密文替代的字母转换成数字，建立仿射加密方程式：

$$2 = (a \cdot 4 + b) \bmod 26$$
$$5 = (a \cdot 19 + b) \bmod 26$$

求解这两个等式，得到 a = 21，b = 22。至此，攻击者就破解了密钥 (21, 22)。

2.2　多码加密法

多码加密法也是一种替代加密技术，每个明文字母可以用密文中的多个字母来替代，而每个密文字母也可以表示多个明文字母。多码加密法的开发是为了对付频率分析工具，频率分析工具对破解单码加密法很成功。多码加密法的目的是，通过多个密文字母来替代同一个明文字母，从而消除字母的频率特性。

2.2.1　维吉尼亚加密法

维吉尼亚 (Vigenere) 加密法是历史上最著名的加密法之一，今天仍旧是多码加密法的一个基本范例。

1. 维吉尼亚加密法的构造

维吉尼亚加密法基于关键词加密系统，将关键词写在明文的上面，并不断重复书写，这样每个明文字母都与关键词的一个字母相关联。例如，如果关键词为 hold，而明文为 this is the plaintext，那么"关键词-明文"的关联如表 2-4 所示。

表 2-4　"关键词-明文"的关联表

关键词	h	o	l	d	h	o	l	d	h	o	l	d	h	o	l	d	h	o
明　文	t	h	i	s	i	s	t	h	e	p	l	a	i	n	t	e	x	t

每个明文字母与关键词的一个字母配对，但是同一个明文字母可能与不同的关键词字母配对。例如，第一个明文字母 t 与关键词字母 h 配对形成 ht；倒数第 4 个明文字母 t 与关键词字母 l 配对形成 lt。利用表 2-5 所示的维吉尼亚表，这些字母对就可以用来确定明文字母的加密结果。

表 2-5　维吉尼亚表

	a	b	c	d	e	f	g	h	i	j	k	l	m	n	o	p	q	r	s	t	u	v	w	x	y	z
a	a	b	c	d	e	f	g	h	i	j	k	l	m	n	o	p	q	r	s	t	u	v	w	x	y	z
b	b	c	d	e	f	g	h	i	j	k	l	m	n	o	p	q	r	s	t	u	v	w	x	y	z	a
c	c	d	e	f	g	h	i	j	k	l	m	n	o	p	q	r	s	t	u	v	w	x	y	z	a	b
d	d	e	f	g	h	i	j	k	l	m	n	o	p	q	r	s	t	u	v	w	x	y	z	a	b	c
e	e	f	g	h	i	j	k	l	m	n	o	p	q	r	s	t	u	v	w	x	y	z	a	b	c	d
f	f	g	h	i	j	k	l	m	n	o	p	q	r	s	t	u	v	w	x	y	z	a	b	c	d	e
g	g	h	i	j	k	l	m	n	o	p	q	r	s	t	u	v	w	x	y	z	a	b	c	d	e	f
h	h	i	j	k	l	m	n	o	p	q	r	s	t	u	v	w	x	y	z	a	b	c	d	e	f	g
i	i	j	k	l	m	n	o	p	q	r	s	t	u	v	w	x	y	z	a	b	c	d	e	f	g	h
j	j	k	l	m	n	o	p	q	r	s	t	u	v	w	x	y	z	a	b	c	d	e	f	g	h	i
k	k	l	m	n	o	p	q	r	s	t	u	v	w	x	y	z	a	b	c	d	e	f	g	h	i	j
l	l	m	n	o	p	q	r	s	t	u	v	w	x	y	z	a	b	c	d	e	f	g	h	i	j	k
m	m	n	o	p	q	r	s	t	u	v	w	x	y	z	a	b	c	d	e	f	g	h	i	j	k	l
n	n	o	p	q	r	s	t	u	v	w	x	y	z	a	b	c	d	e	f	g	h	i	j	k	l	m
o	o	p	q	r	s	t	u	v	w	x	y	z	a	b	c	d	e	f	g	h	i	j	k	l	m	n
p	p	q	r	s	t	u	v	w	x	y	z	a	b	c	d	e	f	g	h	i	j	k	l	m	n	o
q	q	r	s	t	u	v	w	x	y	z	a	b	c	d	e	f	g	h	i	j	k	l	m	n	o	p
r	r	s	t	u	v	w	x	y	z	a	b	c	d	e	f	g	h	i	j	k	l	m	n	o	p	q
s	s	t	u	v	w	x	y	z	a	b	c	d	e	f	g	h	i	j	k	l	m	n	o	p	q	r
t	t	u	v	w	x	y	z	a	b	c	d	e	f	g	h	i	j	k	l	m	n	o	p	q	r	s
u	u	v	w	x	y	z	a	b	c	d	e	f	g	h	i	j	k	l	m	n	o	p	q	r	s	t
v	v	w	x	y	z	a	b	c	d	e	f	g	h	i	j	k	l	m	n	o	p	q	r	s	t	u
w	w	x	y	z	a	b	c	d	e	f	g	h	i	j	k	l	m	n	o	p	q	r	s	t	u	v
x	x	y	z	a	b	c	d	e	f	g	h	i	j	k	l	m	n	o	p	q	r	s	t	u	v	w
y	y	z	a	b	c	d	e	f	g	h	i	j	k	l	m	n	o	p	q	r	s	t	u	v	w	x
z	z	a	b	c	d	e	f	g	h	i	j	k	l	m	n	o	p	q	r	s	t	u	v	w	x	y

　　用关键词字母确定表的行，用明文字母确定表的列，表中行列交叉处的字母就是用来替代明文字母的密文字母。例如，上面示例的第一对 ht，在维吉尼亚表中查找 h 行和 t 列，结果为密文字母 A。重复这个过程，可以生成表 2-6 所示的密文。

表 2-6　维吉尼亚加密法生成的密文

关键词	h	o	l	d	h	o	l	d	h	o	l	d	h	o	l	d	h	o
明　文	t	h	i	s	i	s	t	h	e	p	l	a	i	n	t	e	x	t
密　文	A	V	T	V	P	G	E	K	L	D	W	D	P	B	E	H	D	H

　　注意：密文 V 出现两次，一次替代明文 h，另一次替代明文 s。这个示例就体现了多码加密法的基本性质，即同一个密文字母可以用来表示多个明文字母。

　　要破解维吉尼亚加密法，需要颠倒该查找过程。利用"密钥-密文"对，在维吉尼亚表中确定相应的明文。要实现这些，需要找到由密钥确定的行，扫描该行，直到找到密文字母，该密文字母所在列的字母就是明文字母。

2. 维吉尼亚加密法分析

由于单码加密法的分析工具与这种多码加密法的分析背道而驰，因此维吉尼亚加密法在很长一段时间内都是安全的。

卡西斯基 (Frederick Kasiski) 是一名波兰军人，他描述了确定维吉尼亚加密法关键词的过程。他的破解原理基于这样一个简单的观察："密钥的重复部分与明文中重复部分的连接，在密文中也产生一个重复部分"。也就是说，字母串在明文中重复，如果它总是用关键词的相同部分进行加密，那么密文也包含重复的字母串。

密文重叠分析如表 2-7 所示，关键词是 RUN，重复的明文字母 tobe 是用关键词字符串 RUNR 加密的，这将生成重复的密文字符串 KIOV。在这个例子中，明文字母 th 也是重复的，由相同的关键词部分 UN 加密，生成相同的密文字符串 NU。

表 2-7　密文重叠分析

关键词	R	U	N	R	U	N	R	U	N	R	U	N	R	U	N	R	U	N	R	U	N	R	U	N	R	U	N
明　文	t	o	b	e	o	r	n	o	t	t	o	b	e	t	h	a	t	i	s	t	h	e	q	u	e	s	t
密　文	**K**	**I**	**O**	**V**	**I**	**E**	**E**	**I**	**G**	**K**	**I**	**O**	**V**	**N**	**U**	**R**	**N**	**V**	**J**	**N**	**U**	**V**	**K**	**H**	**V**	**M**	**G**

|←————— 9个字母 —————→|←——— 6个字母 ———→|

表 2-7 所示的例子中，重要的信息是密文中重复字母串的间距，它反应了密钥重复使用的次数，这为发现密钥长度提供了非常重要的信息。关键词长度为 3，密文中两个重复密文串的间距分别是 9 和 6，这些间距都是关键词长度的整数倍。

以下是卡西斯基建议的破解过程：

(1) 找到密文中重复的字符部分。

(2) 计算重复字符之间的字符个数。

(3) 找出从步骤 (2) 中得到的数的因子。

(4) 步骤 (3) 中找到的这些因子很可能就是关键词的长度。

一旦确定了关键词的长度，余下的问题就只是如何使用该信息去找到真正的关键词了。例如，如果攻击者发现密文关键词的长度为 6，那么他就知道相隔 6 个字母都是用相同的关键词字母加密的。因此，破解维吉尼亚加密法的问题就变成了破解 6 个不同单码加密的问题了。只要密文足够长，可以生成合理的统计样本，单码加密法就可以很容易地得到解决，维吉尼亚加密法也就统一解决了。

2.2.2　圆柱面加密法

圆柱面加密法是利用密钥重新排列明文中的字母位置的一种加密方法。由 Etienne Bazeries 于 1891 年发明的圆柱面加密法是最著名的圆柱面加密法之一。

1. Bazeries 圆柱面加密法的构造

Bazeries 圆柱面加密法由 20 个轮组成，每个轮上的字母表顺序不同，如表 2-8 所示。这些轮按预先选定的顺序 (这个顺序就是该加密法的密钥) 排列，转动这些轮，使明文出现在同一条直线上，然后可以选取任意的其他直线上的字母作为密文。

例如，如果只使用 3 个轮，其顺序是 1-5-3，步长为 11，明文为 hat，那么 SXH 就是密文，如表 2-9 所示。

表 2-8　Bazeries 圆柱面

1	a	b	c	d	e	f	g	h	i	j	k	l	m	n	o	p	q	r	s	t	u	v	x	y	z
2	b	c	d	f	g	h	j	k	l	m	n	p	q	r	s	t	v	x	z	a	e	i	o	u	y
3	a	e	b	c	d	f	g	h	i	o	j	k	l	m	n	p	u	y	q	r	s	t	v	x	z
4	z	y	x	v	u	t	s	r	q	p	o	n	m	l	k	j	i	h	g	f	e	d	c	b	a
5	y	u	z	x	v	t	s	r	o	i	q	p	n	m	l	k	e	a	j	h	g	f	d	c	b
6	z	x	v	t	s	r	q	p	n	m	l	k	j	h	g	f	d	c	b	y	u	o	i	e	a
7	a	l	o	n	s	e	f	t	d	p	r	i	j	u	g	v	b	c	h	k	m	q	x	y	z
8	b	i	e	n	h	u	r	x	l	s	p	a	v	d	t	o	y	m	c	f	g	j	k	q	z
9	c	h	a	r	y	b	d	e	t	s	l	f	g	i	j	k	m	n	o	p	q	u	v	x	z
10	d	i	e	u	p	r	o	t	g	l	a	f	n	c	b	h	j	k	m	q	s	v	x	y	z
11	e	v	i	t	z	l	s	c	o	u	r	a	n	d	b	f	g	h	j	k	m	p	q	x	y
12	f	o	r	m	e	z	l	s	a	i	c	u	x	b	d	g	h	j	k	n	p	q	t	v	y
13	g	l	o	i	r	e	m	t	d	n	s	a	u	x	b	c	f	h	j	k	m	q	s	v	y
14	h	o	n	e	u	r	t	p	a	i	b	c	d	f	g	j	k	l	m	q	s	v	x	y	z
15	i	n	s	t	r	u	e	z	l	a	j	b	c	d	f	g	k	m	o	p	q	v	x	y	
16	j	a	i	m	e	l	o	g	n	f	r	t	h	u	b	c	d	k	p	q	s	v	x	y	z
17	k	y	r	i	e	l	s	o	n	a	b	c	d	f	g	h	j	m	p	q	t	v	x	z	
18	l	h	o	m	e	p	r	s	t	d	i	u	a	b	c	f	g	j	k	n	q	v	x	y	z
19	m	o	n	t	e	z	a	c	h	v	l	b	d	f	g	i	j	k	p	q	r	s	u	x	y
20	n	o	u	s	t	e	l	a	c	f	b	d	g	h	i	j	k	m	p	q	r	v	v	y	z

表 2-9　用 Bazeries 圆柱面加密法加密明文 hat

1	5	3
h	**a**	**t**
i	j	v
j	h	x
k	g	z
l	f	a
m	d	e
n	c	b
o	b	c
p	y	d
q	u	f
r	z	g
s	**x**	**h**
t	v	i
u	t	o
v	s	j
x	r	k
y	o	l
z	i	m
a	q	n
b	p	p
c	n	u
d	m	y
e	l	q
f	k	r
g	e	s

2. Bazeries 圆柱面加密法分析

接下来介绍 Viaris 分析法，该方法有两个假设：

(1) 加密法是 Bazeries 圆柱面加密法，且已知圆柱面的内容；

(2) 至少知道了一个明文单词 (已知明文攻击)。

例如，下面的密文是由 Bazeries 圆柱面加密法加密得到的密文，其对应的明文中包含 alice。

密文：

ekjdahdujcmvjbtfllhjrfgtfwfespbftpnxxgvaxpirabhusltcuuecdzabhgyfrsaahdihhhsjylnn

首先，攻击者从密文的第 1 个字母开始匹配已知单词 alice，如表 2-10 所示。如果这种匹配无法找到密钥，则继续从密文的第 2 个字母开始对已知单词进行匹配。

表 2-10　从密文的第 1 个字母开始匹配已知明文

a	l	i	c	e														
e	k	j	d	a	h	d	u	j	c	m	v	j	b	t	f	l	l	…

然后，构造如表 2-11 所示的表格，该表格是针对已知明文单词的第 1 个可能的对齐排列。如果通过第 1 个对齐排列无法找到密钥，则需要继续分析第 2 个对齐排列。

表 2-11　针对已知明文的第一个对齐排列

轮次	a	l	i	c	e
1	b	m	j	d	f
2	e	m	o	d	g
3	e	m	o	d	b
4	z	k	h	b	d
5	j	k	q	b	a
6	z	k	e	b	a
7	l	o	j	h	f
8	v	s	e	f	n
9	r	f	j	h	t
10	f	a	e	b	u
11	n	s	t	o	v
12	i	s	c	u	z
13	u	o	r	f	m
14	i	m	b	d	u
15	j	a	n	d	z
16	i	o	m	d	l
17	b	s	e	d	l
18	b	h	u	f	p
19	c	b	j	h	z
20	c	a	j	f	l

在表 2-11 中，如果至少有一列找不到密文与明文字母的对齐排列，那么已知单词就不是用这种密文字母对齐方式加密的。如果每列至少有一个匹配，那么这就可能是已知单词与密文匹配。

针对已知明文单词 alice 与密文 ekjda 的映射，从表 2-11 分析可知，第 2、3 圆柱面可能排在第 1 位；第 4、5、6 圆柱面可能排在第 2 位；第 1、7、9、19、20 圆柱面可能排在第 3 位；第 1、2、3、14、15、16、17 圆柱面可能排在第 4 位；第 5、6 圆柱面可能排在第 5 位。已知可能的顺序是 2-4-1-3-5、2-6-1-3-5 等，攻击者需要对每一种可能进行尝试。经过尝试，攻击者发现，通过圆柱面顺序 2-6-1-3-5 解密的结果如下：

alice ciphe succce mvjbt fllhj pherh wfesp bftpn xxgva ssful bhusl tcuue cdzab cltex saahd ihhhs ytext

从上面的解密中可以看出，第 2 个单词可能是 cipher，第 3 个单词可能是 successful，最后一个单词可能是 text。通过刚刚分析出来的这些已知明文，可以继续分析出其他轮的顺序。

2.2.3　回转轮加密法

回转轮加密法是使用机械和简单电路实现多码替代的加密方法。回转轮内部是一个圆盘，它的两面都有电子接点，每个接点代表字母表中的一个字母。回转轮内部有链接各个接点的电线，这种链接方式定义了单码替代的加密方法，其简单示意图如图 2-1 所示。

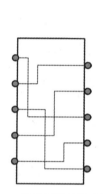
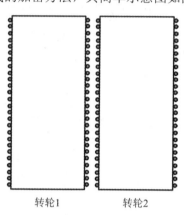

图 2-1　简单回转轮示意图　　　　　图 2-2　双转轮示意图

如果将多个回转轮串联起来，并以不同的速率转动，就可以构建成一个功能强大的多码替代加密系统。图 2-2 是一个"双轮"系统的示意图。例如，开始时字母 A 对应字母 B，但当轮 2 转动 1 位后，字母 A 变为对应字母 E，以此类推，对于 26 个英文字母，轮 2 可以转动 25 位。当轮 2 转动 26 位后，形成一轮循环，此时轮 1 转动 1 位，以此类推。所以，轮 2 通常被称为"快轮"，而轮 1 被称为"慢轮"。

二战时期，德国使用了这种类型的回转轮系统，称为 Enigma 加密法。Enigma 加密法有多个变种，但基本上都是由三个回转轮、一个反射器和一个线路连接板组成。另一个著名的转轮密码机是美军的 Haglin，由瑞典工程师 Haglin 发明，在第二次世界大战中被盟军广泛使用。同时，第二次世界大战期间，日军的 PURPLE 也是转轮密码机。转轮密码机的使用极大地提高了加解密速度，同时抗攻击性能也有很大提高，是密码学发展史上的一座里程碑。

2.3　多图加密法

在单码加密法中，每个字母由另一个字母替代；而在多码加密法中，每个明文字母可以用多个密文字母来替代。但是，单码和多码加密法都是作用于单个字母。凡是一次加密一个字母的加密法都被称为单图加密法 (Monographic Cipher)。多图加密法 (Polygraphic Cipher) 则是作用于字母组。明文的 n 个字母组合被密文的 n 个字母组合所替代。例如双

图 (Digraphic) 替代加密法一次加密两个字母；三图 (Trigraphic) 加密法一次加密三个字母。多图加密法比单图加密法更安全，因为英文字母表有 26 个字母，所以有 676 种 (26 × 26 种) 双图结合，有 17 576 种 (26 × 26 × 26 种) 三图结合，对于双图甚至三图结合进行频率分析，效果并不明显。

2.3.1 Playfair 加密法

Playfair 加密法是双图加密法的一个基本范例。该加密法由 Charles Wheatstone 开发，并以其朋友的姓氏 Playfair 命名。

1. Playfair 加密法的构造

Playfair 加密法基于一个 5 × 5 字母矩阵，该矩阵使用一个密钥词组构造，例如密钥词组为 monarchy，则矩阵如表 2-12 所示。其中，字母 I 和 J 被看作一个字母。

表 2-12　Playfair 字母矩阵

M	O	N	A	R
C	H	Y	B	D
E	F	G	I/J	K
L	P	Q	S	T
U	V	W	X	Z

Playfair 根据下列规则一次对明文的两个字母进行加密：

(1) 属于相同对中的重复明文字母将用一个填充字母如 x 进行分隔，因此，词 balloon 将被填充为 ba lx lo on。

(2) 属于相同行的明文字母将由其右边的字母代替。而行的最后一个字母由行的第一个字母代替。例如 ar 被加密为 RM。

(3) 属于相同列的明文字母将由其下面的字母代替，而列的最后一个字母由列的第一个字母代替。例如，mu 被加密为 CM。

(4) 明文的其他字母将由与其同行，且与下一个字母同列的字母所代替。因此，hs 被加密为 BP，ea 被加密为 IM(或 JM，这可根据加密者的意愿而定)。

Playfair 密码与简单的单码替代法密码相比有了很大的进步。第一，虽然仅有 26 个字母，但有 676 种双字母结合，因此识别各种双字母组合要困难得多。此外，各个字母组的相对频率要比双字母组合呈现出大得多的范围，使得频率分析困难得多。

2. Playfair 加密法分析

Playfair 加密法具有以下特征，可以用来判断密文是否由 Playfair 加密法加密得到。

(1) 密文的字母数是偶数。

(2) 明文中平时少见的辅音字母 j、k、q、x、z，在密文中出现得比较频繁。

(3) 如果分解成双图形式，不会出现 ss 或 ee 等重复字母。

(4) 双图的频率分布与明文大致相同。

如果确定密文是由 Playfair 加密法加密得到的，那么接下来可以通过已知明文攻击法来分析密文。

例如，攻击者获得了图 2-3 所示的密文，并且确定明文中包含短语 a sample of。

pk	km	km	ew	dw	qn	bs	hl	uf	gq	zk	zp	tl	fc	ls	fq	tn
ca	zw	ae	ns	fq	tn	zw	ps	el	kz	kc	xc	rb	ke	tm	wg	co
ab	fk	vn	cl	uf	ui	df	ch	hq	kc	mp

图 2-3   Playfair 密文

分析的第一步是找出与已知明文匹配的密文模式，这就要求验证明文与 Playfair 加密法的任何一个特征相重复，这些特征包括：

(1) 明文中的每个字母在密文中都不会用其自己来表示。

(2) 明文中两个倒置的双图 (如 er 和 re) 在密文中也是用倒置的双图来表示的。

(3) 明文中的每个字母只能用 5 个字母中的一个来加密，这 5 个字母包括在 Playfair 方格中位于该字母下方的字母以及其同行的其他 4 个字母。

如果已知"明文－密文"对与这些条件冲突，那么将已知密文移动一个字符，并重新检查这些条件。如果没有冲突，那么相应的密文就可能表示已知明文。

将已知明文与密文第一个字符对齐，如图 2-14 所示。

as	am	pl	eo	f-							
pk	km	km	ew	dw	qn	bs	hl	uf	gq	zk	zp	⋯

图 2-4   已知明文与密文第一个字符对齐

图 2-4 的映射关系与特征 (1) 冲突，因为 m 和 e 的明文和密文是相同的。因此，可以将已知明文向后移动一个字符，如图 2-5 所示。

a	sa	mp	le	of							
pk	km	km	ew	dw	qn	bs	hl	uf	gq	zk	zp	⋯

图 2-5   已知明文与密文第二个字符对齐

在图 2-5 中，两个不同的明文对 (sa、mp) 映射到相同的密文 km，这在 Playfair 加密法中也是不可能出现的，所以继续将已知明文向后移动，如图 2-6 所示。

		as	am	pl	eo	f-					
pk	km	km	ew	dw	qn	bs	hl	uf	gq	zk	zp	⋯

图 2-6   已知明文与密文第二个字符对齐

图 2-6 的对齐方式不违反规则，可以用来构建 Playfair 方格。这些明文密文对是 as：EW、am：DW、pl：QN、eo：BS。每对都反应了 Playfair 方格的一种排列方式，如果密文对是 as：EW，那么 AESW 必须在同一行、同一列或者对角。图 2-7 是构建的可能的方格。

as : EW　　　am : DW　　　pl : QN　　　eo : BS

A	E	S	W
E			
S		A	E
W		W	S

A	D	M	W
D			
M		A	D
W		W	M

P	Q	L	N
Q			
L		P	Q
N		N	L

E	B	O	S
B			
O		E	B
S		S	O

图 2-7　可能的 Playfair 方格

从方格 1 可以看出，a 和 e 必须在同一行或同一列上；从方格 2 可以看出，a 和 d 必须在同一行或同一列上；从方格 4 可以看出，e 和 b 必须在同一行或同一列上。由此可以判断，a、b、d、e 应该在同一行或同一列。有了这些信息，可以对 Playfair 方格进一步猜测。在 Playfair 方格中，关键词填写后，字母表的其他字母按顺序填写到方格中，所以设想 a、b、c、d、e 可能是一起出现在关键词之后，例如出现在第 2 行。

继续观察图 2-7，方格 1、2 都要求 a 和 w 在同一行或同一列，方格 2 要求 d 和 m 在同一行或同一列，方格 4 要求 s 和 e 在同一行或同一列，这些表明 Playfair 方格可能如图 2-8 所示。在图 2-8 的基础上，如果猜测关键词是 worms，则最终的 Playfair 方格如图 2-9 所示。

W		M	S
A	B	C	D	E

W	O	R	M	S
A	B	C	D	E
F	G	H	I	K
L	N	P	Q	T
U	V	X	Y	Z

图2-8　猜测的方格　　　　图2-9　最终的方格

另外一种 Playfair 加密法的攻击方法是利用关键词的一些特征来猜测关键词。在关键词中，每三个辅音字母很可能有两个元音字母，而且关键词往往包含一些更为普通的字母。另外，如果密文中的某个字母大量地与其他字母组合，那么该字母很有可能是关键词的字母。这种方法针对密文进行分析，属于唯密文攻击方法。

2.3.2　Hill 加密法

Hill 加密法由数学家 Lester S Hill 于 1929 年研制，是首次通过数学的方法来创建多图加密法。

1. Hill 加密法的构造

Hill 加密法取 m 个连续的明文字母，并用 m 个密文字母代替。若 m = 3，则该加密法如公式 (2-3) 所示。

$$\begin{cases} C_1 \\ C_2 \\ C_3 \end{cases} = \begin{cases} k_{11}k_{12}k_{13} \\ k_{21}k_{21}k_{23} \\ k_{31}k_{32}k_{33} \end{cases} \cdot \begin{cases} m_1 \\ m_2 \\ m_3 \end{cases} \qquad (2\text{-}3)$$

或

$$C = K \cdot m$$

其中，C 和 m 是长度为 3 的列向量，分别表示密文和明文；K 是一个 3×3 矩阵，表示加密密钥。操作要执行模 26 的运算。

例如，考虑明文"pay more money"(15 0 24，12 14 17，4 12 14，13 4 24)，使用的加密密钥为：

$$K = \begin{Bmatrix} 17 & 17 & 5 \\ 21 & 18 & 21 \\ 2 & 2 & 19 \end{Bmatrix}$$

则密文为：LNSHDLEWMTRW。

对于解密，需要使用加密密钥的逆矩阵：$M = K^{-1} \cdot C$。Hill 加密法要求密钥矩阵 K 是可逆的，即

$$\begin{Bmatrix} 17 & 17 & 5 \\ 21 & 18 & 21 \\ 2 & 2 & 19 \end{Bmatrix} \cdot \begin{Bmatrix} 4 & 9 & 15 \\ 15 & 17 & 6 \\ 24 & 0 & 17 \end{Bmatrix} \bmod 26 = \begin{Bmatrix} 1 & 0 & 0 \\ 0 & 1 & 0 \\ 0 & 0 & 1 \end{Bmatrix}$$

对于 Hill 密码，使用较大的矩阵隐藏了更多的频率信息，因此一个 3×3 Hill 密码不仅隐藏了单个字母，而且也隐藏了两个字母的频率信息。尽管 Hill 密码能够对抗唯密文攻击，然而它容易被已知明文攻击所攻破。

2. Hill 加密法分析

Hill 加密法可以很好地防止唯密文攻击，矩阵越大，该加密法抗攻击的能力就越强。但是，使用已知明文攻击法可以很容易地破解该加密法。该方法可以通过已知"明文-密文"组建立方程组，求解该方程组后就可以找到其密钥。

攻击者需要判断两个因素：一个是矩阵的大小；另一个是明文与哪个密文配对。接下来对图 2-10 所示的密文进行分析，其中密钥使用 2×2 矩阵，并且知道明文字符 taco 对应密文字符 UCRS。

OJWP ISWA ZUXA UUIS EABA UCRS IPLB HAAM MLPJ JOTE NH

图2-10　Hill加密法的密文

首先，设置字母数值为：

$$a = 1, b = 2, \cdots, y = 25, z = 0$$

所以，密文列矩阵表示为：

$$\begin{pmatrix} U \\ C \end{pmatrix} \leftrightarrow \begin{pmatrix} 21 \\ 3 \end{pmatrix}, \begin{pmatrix} R \\ S \end{pmatrix} \leftrightarrow \begin{pmatrix} 18 \\ 19 \end{pmatrix}$$

明文列矩阵表示为：

$$\begin{pmatrix} T \\ A \end{pmatrix} \leftrightarrow \begin{pmatrix} 20 \\ 1 \end{pmatrix}, \begin{pmatrix} C \\ O \end{pmatrix} \leftrightarrow \begin{pmatrix} 3 \\ 15 \end{pmatrix}$$

假设 m 表示明文，C 表示密文，K 表示密钥矩阵（K^{-1} 表示密钥矩阵的逆矩阵，即解密密钥），则 $K^{-1} = M \cdot C^{-1}$。所以：

$$\mathbf{K}^{-1} = \begin{pmatrix} 20 & 3 \\ 1 & 15 \end{pmatrix} \bullet \begin{pmatrix} 21 & 18 \\ 3 & 19 \end{pmatrix}^{-1} \bmod 26 = \begin{pmatrix} 1 & 17 \\ 0 & 9 \end{pmatrix}$$

由此可以计算密文向量：

$$\begin{pmatrix} 15 \\ 10 \end{pmatrix} \begin{pmatrix} 23 \\ 16 \end{pmatrix} \begin{pmatrix} 9 \\ 19 \end{pmatrix} \begin{pmatrix} 0 \\ 21 \end{pmatrix} \begin{pmatrix} 24 \\ 1 \end{pmatrix} \begin{pmatrix} 21 \\ 21 \end{pmatrix} \begin{pmatrix} 9 \\ 19 \end{pmatrix} \begin{pmatrix} 5 \\ 1 \end{pmatrix} \begin{pmatrix} 2 \\ 1 \end{pmatrix} \begin{pmatrix} 21 \\ 3 \end{pmatrix}$$

$$\begin{pmatrix} 18 \\ 19 \end{pmatrix} \begin{pmatrix} 9 \\ 16 \end{pmatrix} \begin{pmatrix} 12 \\ 2 \end{pmatrix} \begin{pmatrix} 8 \\ 1 \end{pmatrix} \begin{pmatrix} 1 \\ 13 \end{pmatrix} \begin{pmatrix} 13 \\ 13 \end{pmatrix} \begin{pmatrix} 12 \\ 16 \end{pmatrix} \begin{pmatrix} 10 \\ 10 \end{pmatrix} \begin{pmatrix} 15 \\ 20 \end{pmatrix} \begin{pmatrix} 5 \\ 14 \end{pmatrix} \begin{pmatrix} 8 \\ 8 \end{pmatrix}$$

明文向量：

$$\begin{pmatrix} 3 \\ 12 \end{pmatrix} \begin{pmatrix} 9 \\ 14 \end{pmatrix} \begin{pmatrix} 20 \\ 15 \end{pmatrix} \begin{pmatrix} 14 \\ 9 \end{pmatrix} \begin{pmatrix} 19 \\ 7 \end{pmatrix} \begin{pmatrix} 15 \\ 9 \end{pmatrix} \begin{pmatrix} 14 \\ 7 \end{pmatrix} \begin{pmatrix} 20 \\ 15 \end{pmatrix} \begin{pmatrix} 22 \\ 9 \end{pmatrix} \begin{pmatrix} 19 \\ 9 \end{pmatrix}$$

$$\begin{pmatrix} 20 \\ 1 \end{pmatrix} \begin{pmatrix} 3 \\ 15 \end{pmatrix} \begin{pmatrix} 21 \\ 14 \end{pmatrix} \begin{pmatrix} 20 \\ 18 \end{pmatrix} \begin{pmatrix} 25 \\ 9 \end{pmatrix} \begin{pmatrix} 14 \\ 13 \end{pmatrix} \begin{pmatrix} 9 \\ 4 \end{pmatrix} \begin{pmatrix} 4 \\ 4 \end{pmatrix} \begin{pmatrix} 5 \\ 5 \end{pmatrix} \begin{pmatrix} 1 \\ 19 \end{pmatrix} \begin{pmatrix} 20 \\ 20 \end{pmatrix}$$

破解明文为：Clinton is going to visit a country in Middle East。

2.4　换位加密法

换位加密法不是用其他字母来替代已有字母，而是重新排列文本中的字母。这种加密法类似于拼图游戏。单图换位使用的是单个字母换位，而多图换位使用的是多个字母 (单词或短语) 换位，单图换位往往功能更强大。换位加密法使用的密钥通常是一些几何图形，它决定了重新排列字母的方式。

2.4.1　置换加密法

换位加密法的一种简单实现是置换加密法。

1. 置换加密法的构造

在置换加密法中，将明文分成了固定长度的块，如长度为 d，置换函数 f() 用于从 1~d 中选取一个整数，每个块中的字母根据 f() 重新排列。这种加密法的密钥就是 (d, f())。

例如 d = 4，f() 为 (2, 4, 1, 3)，即第 1 个字符移动到位置 2，第 2 个字符移动到位置 4，第 3 个字符移动到位置 1，第 4 个字符移动到位置 3。

利用这种置换加密法将文明 codes and ciphers are fun 加密。首先将明文分块：code sand ciph ersa refu nxxx。接下来，根据给定的函数 f() = (2, 4, 1, 3) 对每个块重新排列，最终得到密文：DCEO NSDA PCHI SEAR FRUE XNXX。

2. 置换加密法分析

通过唯密文攻击法分析密文：DCEO NSDA PCHI SEAR FRUE XNXX。

(1) 密文中包含 32 个字母，可能的块大小为 2、4、8、16、32。接下来以块大小为 4

进行分析举例。

（2）由于最后一个块可能存在填充，因此判断块中位置 1 的字母被置换到了位置 2。由此，重新排布密文，得到：

CDEO SNDA CPHI ESAR RFUE NXXX

（3）分析第一个块，如果明文第一个单词是 code，那么明文中的第 2 个字母被置换到了位置 4，第 3 个字母被置换到了位置 2，第 4 个字母被置换到了位置 3。由此还原出明文，同时得到密钥。

2.4.2　列置换加密法

列置换加密法是一种更加复杂的换位加密法，该加密法通过构建列置换矩阵的方式增加了换位的复杂程度。

1. 列置换加密法的构造

在列置换加密法中，明文按行填写在一个矩阵中，而密文则是以预定的顺序按列读取生成的。

例如，如果矩阵是 4 列 5 行，如表 2-13 所示，那么短语 encryption algorithms 可以写入该矩阵。

表 2-13　列置换矩阵

1	2	3	4
e	n	c	r
y	p	t	i
o	n	a	l
g	o	r	i
t	h	m	s

如果按照 2-4-3-1 的顺序，按"列"读出矩阵中的字母，则得到密文：

NPNOHRILISCTARMEYOGT

这种加密法的密钥是列数和读取列的顺序。如果列数很多，记起来可能比较困难，那么可以将它表示为一个关键词，该关键词的长度等于列数，其字母顺序决定读取列的顺序。例如关键词 task，表示 4 列，读取顺序为 4-1-3-2。

2. 列置换加密法分析

首先，分析矩阵的大小。例如，如果密文字母数为 20，那么矩阵的大小可能是 2×10、4×5、5×4、10×2。

如果针对每一个可能的矩阵进行下一步分析，工作量是非常庞大的，因此最好的方法是排列出最有可能的矩阵顺序。排列的依据可以是英文中元音字母出现的比例。英文中元音字母出现的比例大约为 40%，如果某个矩阵的每行中元音字母占 40%，那么它就很有可能是密钥矩阵。图 2-11 计算了 5×4 矩阵中实际元音字母与预期元音字母之差的绝对值。因为每行 4 个字母，所以预期元音字母的个数为 1.6(0.4×4)。

1	2	3	4	元音字母数	差值
n	r	c	e	1	0.6
p	i	t	y	1	0.6
n	l	a	o	2	0.4
o	i	r	g	2	0.4
h	s	m	t	0	1.6
				总计：	3.6

图 2-11　5×4 矩阵分析

依次计算出每个矩阵的"总计"值，从小到大进行排列，再依次进行后续分析，直到找出密钥。

最后一步是还原列顺序。这一步可以利用英文单词中的字母特性，例如 j 后面只能跟元音字母；x 前面只能是元音字母，除非它在词尾；字母 h 与 t 的高频组合为 th；字母 h 与 c 的高频组合为 ch 等。

纯置换密码易于识别，因为它具有与原明文相同的字母频率。对于刚才上文的列变换的类型，将这些密文排列在一个矩阵中，并依次改变行的位置，就很容易破解出明文。双字母结合和三字母结合频率也有助于破译密文。通过执行多次置换的方式，密文的安全性能够有较大改观，其结构是使用更为复杂的排列，主要是因为它不容易被重构。

习　题

1. 填空题

(1) 古典密码可以分为 (　　) 技术和 (　　) 技术两类。

(2) 单码加密方法包括 (　　)、(　　)、(　　) 等；多码加密方法包括 (　　)、(　　) 等，多图加密方法包括 (　　)、(　　) 等。

2. 简答题

(1) 简述对于凯撒类加密法来说，关键词加密法的主要优点有哪些。

(2) 简述多码加密法与单码加密法的区别与联系。

(3) 简述对于单图加密法来说，多图加密法的优势是什么。

(4) 试说明可以采用怎样的方法来增加列置换加密法的安全性。

3. 问答题

(1) 如果明文为 thank，则关键词加密 (密钥为 hold)、维吉尼亚加密 (密钥为 hold)、Bazeries 圆柱面加密 (顺序为 5-4-3-2-1，步长为 1)、Playfair 加密 (密钥为 monarchy)、列

置换加密 (密钥为 task) 所得到的密文分别是什么？

(2) 已知密文 URDQWRQYMVQHSX 是通过仿射加密法加密得到的，并且前两个密文字母 UR 对应的明文字母为 ti，请破解出明文。

(3) 已知密文 NAITZNIJGNOHXXED 是通过置换加密法加密得到的，请破解出明文。

(4) 试计算仿射加密法密钥空间的大小。

(5) 试分析凯撒类加密法与仿射加密法之间的关系。

第 3 章　流 加 密 算 法

学习目标

(1) 了解群、环、域和有限域的基本概念。

(2) 掌握多项式欧几里得除法运算。

(3) 掌握线性反馈移位寄存器的工作原理。

(4) 了解非线性反馈移位寄存器的工作原理。

(5) 了解 A5 算法的原理。

(6) 了解 RC4 算法的原理。

流加密算法即流密码 (Stream Cipher)，又被称为序列密码，是对称加密体制中的一类加密算法。由于流加密算法的研究具有坚实的数学基础和丰富的研究成果，因而被广泛应用于军事、外交等重要部门的保密通信领域。

3.1　有限域上的多项式运算

多项式理论和方法在密码学中有着重要的应用 (例如有限域的构造)，是多种加密算法的基础。本节首先介绍群、环、域以及有限域的基本概念，然后介绍通过不可约多项式构造有限域的方法。

3.1.1　有限域

在现代密码学中，经常会用到有限域。有限域是所包含的元素个数有限的域。环和域都是包含两种运算的代数系统，而群是包含一种运算的代数系统。

1. 群

G 是定义了一个二元运算 "+" 的集合，如果这个运算满足下列性质，那么 G 就被称为一个群 (Group)，记为 (G, +)。

(1) 封闭性：如果 a 和 b 都属于 G，那么 a + b 也属于 G。

(2) 结合律：对于 G 中的任意元素 a、b 和 c，都有 (a + b) + c = a + (b + c) 成立。

(3) 单位元：G 中存在单位元 e，对于 G 中任意元素 a，都有 a + e = e + a = a 成立。

(4) 逆元：对于 G 中的任意元素 a，G 中都存在元素 a'，使得 a + a' = a' + a = e 成立。

【例 3-1】 试分析整数集合 $\mathbf{Z}_4 = \{0, 1, 2, 3\}$ 对于"模 4 加法"运算，是否构成一个群。

(1) 由于集合中任意两个元素进行"模 4 加法"运算，结果仍然是该集合中的元素，因此这个集合符合"封闭性"。例如，$(1+3) \bmod 4$ 的结果为 0，该结果仍然是这个集合中的元素。

(2) 该集合中的任意三个元素的运算满足结合律。例如，$(1+2)+3$ 的结果为 2，$1+(2+3)$ 的结果也是 2。

(3) 该集合中存在单位元 $e = 0$。例如，对于元素 2，$2+0$ 与 $0+2$ 的结果都为 2。

(4) 集合中每个元素都可以在该集合中找到它的逆元，使得该元素与其逆元进行"模 4 加法"运算的结果为单位元 0。例如，元素 0 的逆元是 0，元素 1 的逆元是 3，元素 2 的逆元是 2，元素 3 的逆元是 1。

由于这个集合在"模 4 加法"运算中满足封闭性、结合律，存在单位元，每个元素都存在逆元，因此这个集合对于"模 4 加法"运算构成一个群。

1) 交换群

如果群 $(G, +)$ 中的运算"+"还满足交换律，即对 G 中的任意元素 a 和 b，都有 $a+b = b+a$ 成立，则称 $(G, +)$ 为一个交换群，或者阿贝尔群 (Abelian Group)。例 3-1 中的群就是一个交换群。

2) 群的阶

如果一个群中的元素是有限的，则称这个群为有限群，否则这个群是无限群。有限群中元素的个数称为群的阶。例 3-1 中的群是一个有限群，群的阶为 4。

3) 循环群与生成元

重复使用群中的运算，即构成该群的"幂"运算，例如，$a^3 = a+a+a$，并且规定 $a^0 = e$，即群中元素的 0 次幂的结果等于单位元。如果一个群的所有元素都是 a 的幂 a^k（k 为整数），则称这个群是循环群，a 被称为这个群的生成元。例 3-1 中的群就是一个循环群，其生成元是 1。

4) 群中元素的阶

对于群 G 中的元素 a，满足 $a^i = e$ 的最小正整数 i 称为元素 a 的阶。例如，在例 3-1 的群中，元素 1 的阶为 4。

2. 环

R 是定义了两个二元运算"+"和"×"（简称加法和乘法）的集合，如果这两个运算满足下列性质，那么 R 就被称为一个环 (Ring)，记为 $(R, +, \times)$。

(1) $(R, +)$ 是一个交换群。

(2) "×"运算具有封闭性：如果 a 和 b 都属于 R，那么 $a \times b$ 也属于 R。

(3) "×"运算满足结合律：对于 R 中的任意元素 a、b 和 c，都有 $(a \times b) \times c = a \times (b \times c)$ 成立。

(4) 两个运算满足分配律：对于 R 中的任意元素 a、b 和 c，都有 $(a+b) \times c = a \times c + b \times c$ 和 $c \times (a+b) = c \times a + c \times b$ 成立。

【例 3-2】 试分析整数集合 $\mathbf{Z}_4 = \{0, 1, 2, 3\}$ 对于"模 4 加法"运算和"模 4 乘法"运算，是否构成一个环。

(1) 通过例 3-1 以及对于交换群的分析可知，该整数集合对于"模 4 加法"运算构成一个交换群。

(2) 由于该集合中任意两个元素进行"模 4 乘法"运算的结果仍然是该集合中的元素，因此这个集合的"模 4 乘法"运算具有封闭性。

(3) 该集合中任意 3 个元素的"模 4 乘法"运算满足结合律。

(4) 该集合中任意 3 个元素的"模 4 加法"运算和"模 4 乘法"运算满足分配律。

该集合上的"模 4 加法"和"模 4 乘法"构成一个环。

1) 交换环

如果环 (R, +, ×) 对于"×"运算满足交换律，即对 R 中的任意元素 a 和 b，都有 a × b = b × a 成立，则称 R 为一个交换环。例 3-2 中的环就是一个交换环。

2) 整环

对于一个交换环 (R, +, ×)，如果存在一个"×"运算的单位元 s，即对 R 中任意元素 a，使得 a × s = s × a = a 成立；同时，该环无零因子，即对于 R 中任意两个元素 a 和 b，如果 a × b 的结果是"+"运算的单位元，那么 a 和 b 中一定存在一个"+"运算的单位元。此时，称 R 为一个整环。对于例 3-2 中的交换环，"×"运算的单位元是 1。另外，环中任意两个元素 a 和 b，如果 a × b = 0(0 是该环中"+"运算的单位元)，那么要么 a 为 0，要么 b 为 0，即该环无零因子，所以这个环也是一个整环。

3. 域

F 是定义了两个二元运算"+"和"×"的集合，如果这两个运算满足下列性质，那么 F 就被称为一个域 (Field)，记为 (F, +, ×)。

(1) (R, +) 是一个交换群。

(2) 非 0 元的"×"运算构成交换群。

(3) 满足分配律。

【例 3-3】 试分析整数集合 $\mathbf{Z}_4 = \{0, 1, 2, 3\}$ 对于"模 4 加法"运算和"模 4 乘法"运算是否构成一个域。

(1) 这个集合对于"模 4 加法"运算构成一个交换群。

(2) 假设该集合的非 0 集合为 $\mathbf{Z}_4^*$，即 $\mathbf{Z}_4^* = \{1, 2, 3\}$，对于"模 4 乘法"运算，这个集合单位元 e = 1，元素 1 的逆元是 1，元素 3 的逆元是 3，元素 2 没有逆元。

(3) 这个集合满足分配律。

由于元素 2 对于"模 4 乘法"运算没有逆元，因此集合 $\mathbf{Z}_4 = \{0, 1, 2, 3\}$ 不是一个域，它只能构成一个环。

【例 3-4】 试分析整数集合 $\mathbf{Z}_5 = \{0, 1, 2, 3, 4\}$ 对于"模 5 加法"运算和"模 5 乘法"运算是否构成一个域。

(1) 这个集合对于"模 5 加法"运算构成一个交换群。

(2) 假设该集合的非 0 集合为 $\mathbf{Z}_5^*$，即 $\mathbf{Z}_5^* = \{1, 2, 3, 4\}$，对于"模 5 乘法"运算，这个

集合单位元 e＝1，元素 1 的逆元是 1，元素 2 的逆元是 3，元素 3 的逆元是 2，元素 4 的逆元是 4。

(3) 这个集合满足分配律。

集合 $\mathbf{Z}_5＝\{0, 1, 2, 3, 4\}$ 是一个域。

当 q 为素数时，整数集合 $\mathbf{Z}_q＝\{0, 1, 2, \cdots, q-1\}$ 对于"模 q 加法"和"模 q 乘法"运算就构成了一个域，记为 GF(q)；当 q 不是素数时，只能构成一个环。

4. 有限域和本原元

如果一个域中的元素是有限的，则称这个域是有限域。有限域也被称为伽罗瓦域(Galois Field)，在密码学中主要使用有限域。GF(2) ＝ {0, 1} 是一个包含两个元素"0"和"1"的有限域，该有限域中定义的两个运算分别是"模 2 加法"和"模 2 乘法"。

有限域 F 中非零元组成的集合 $\mathbf{F}^*$ 关于乘法组成的群称为有限域的乘法群。假设 $\mathbf{F}_q$ 是一个含有 q 个元素的有限域，其乘法群 $\mathbf{F}_q^*＝\mathbf{F}_q\backslash\{0\}$ 是一个循环群，此时 $\mathbf{F}_q^*$ 的生成元称为 $\mathbf{F}_q$ 的本原元，并且 $\mathbf{F}_q$ 中共有 $\varphi(q-1)$ 个本原元。

3.1.2 多项式运算

多种加密算法都用到了多项式理论，本小节主要介绍整数环上多项式的运算、不可约多项式的概念以及多项式的欧几里得除法运算。

1. 多项式整数环

设 R 是整数环，x 为变量，则 R 上形式如公式 (3-1) 所示的元素称为 R 上的多项式。

$$a_nx^n + a_{n-1}x^{n-1} + \cdots + a_1x + a_0, \quad a_i \in R \tag{3-1}$$

设 $f(x) = a_nx^n + \cdots + a_1x + a_0(a_n \neq 0)$ 是整数环 R 上的多项式，则称多项式 f(x) 的次数为 n，记为 deg f = n。例如多项式 2x + 3 的次数为 1，$x^8 + x^4 + x^3 + x + 1$ 的次数为 8。

如果多项式 $f(x) = a_nx^n + a_{n-1}x^{n-1} + \cdots + a_1x + a_0$，多项式 $g(x) = b_nx^n + b_{n-1}x^{n-1} + \cdots + b_1x + b_0$，那么多项式加法如公式 (3-2) 所示，多项式乘法如公式 (3-3) 所示。

$$f(x) + g(x) = (a_n + b_n)x^n + (a_{n-1} + b_{n-1})x^{n-1} + \cdots + (a_1 + b_1)x + (a_0 + b_0) \tag{3-2}$$

$$f(x) \cdot g(x) = (a_n \cdot b_n)x^{n+n} + (a_n \cdot b_{n-1})x^{n+(n-1)} + \cdots + (a_{n-1} \cdot b_n)x^{(n-1)+n} + \cdots + (a_0 \cdot b_0) \tag{3-3}$$

【例 3-5】 设 $f(x) = x^7 + x + 1$，$g(x) = x^6 + x^4 + x^2 + x + 1$，并且 $f(x) \in F_2(x)$，$g(x) \in F_2(x)$，计算 f(x) + g(x) 和 f(x) · g(x) 的结果。其中 $F_2(x)$ 表示系数在有限域 GF(2) 上的多项式域。

$$
\begin{aligned}
f(x) + g(x) &= (x^7 + x + 1) + (x^6 + x^4 + x^2 + x + 1)\\
&= x^7 + x^6 + x^4 + x^2
\end{aligned}
$$

$$
\begin{aligned}
f(x) \cdot g(x) &= (x^7 + x + 1) \cdot (x^6 + x^4 + x^2 + x + 1)\\
&= x^{13} + x^{11} + x^9 + x^8 + x^7\\
&\quad + x^7 + x^5 + x^3 + x^2 + x\\
&\quad + x^6 + x^4 + x^2 + x + 1\\
&= x^{13} + x^{11} + x^9 + x^8 + x^6 + x^5 + x^4 + x^3 + 1
\end{aligned}
$$

2. 多项式整除与不可约多项式

设 f(x) 和 g(x) 是整数环 R 上的任意两个多项式，其中 g(x) ≠ 0。如果存在一个多项式 q(x)，使得公式 (3-4) 成立，则称 g(x) 整除 f(x)，或者 f(x) 被 g(x) 整除，记作 g(x) | f(x)，g(x) 被称为 f(x) 的因式。

$$f(x) = q(x) \cdot g(x) \tag{3-4}$$

设 f(x) 是整数环 R 上的非常数多项式，如果除了 1 和 f(x) 外，f(x) 没有其他非常数因式，那么 f(x) 被称为不可约多项式，否则 f(x) 被称为合式。

多项式是否可约，与所在的环或域有关。

【例 3-6】 多项式 $x^2 + 1$ 在整数域、复数域和 $F_2(x)$ 中是否可约。

在整数域中，该多项式除了 1 和它本身，没有其他非常数因式，所以不可约，即它是不可约多项式。

在复数域中，$x^2 + 1 = (x + i) \cdot (x - i)$，所以可约，该多项式是合式。

在 $F_2(x)$ 中，$x^2 + 1 = (x + 1) \cdot (x + 1)$，所以可约，该多项式是合式。

3. 多项式欧几里得除法

设 $f(x) = a_n x^n + a_{n-1} x^{n-1} + \cdots + a_1 x + a_0$ 和 $g(x) = b_m x^m + b_{m-1} x^{m-1} + \cdots + b_1 x + b_0$ 是整数环 R 上的两个多项式，则一定存在多项式 q(x) 和 r(x)，使得公式 (3-5) 存在。

$$f(x) = q(x) \cdot g(x) + r(x), \quad \deg r < \deg g \tag{3-5}$$

其中，q(x) 称为 f(x) 被 g(x) 除所得的不完全商，r(x) 称为 f(x) 被 g(x) 除所得的余式。

【例 3-7】 设 $f(x) = x^4 + x + 1$ 和 $g(x) = x^2 + 1$ 是 $F_2(x)$ 中的多项式，求 q(x) 和 r(x)。

逐次消除最高项：

$r_0(x) = f(x) - x^2 \cdot g(x) = x^2 + x + 1$

$r_1(x) = r_0(x) - 1 \cdot g(x) = x$

所以，$q(x) = x^2 + 1$，$r(x) = x$，即 $x^4 + x + 1 = (x^2 + 1) \cdot (x^2 + 1) + x$。

与整数除法一样，反复运算 Euclid 除法，可以计算 f(x) 和 g(x) 最大公因式，记为 gcd(f(x), g(x))。

设 $r_{-2}(x) = f(x)$，$r_{-1}(x) = g(x)$，反复运算多项式 Euclid 除法，则：

$r_{-2}(x) = q_0(x) \cdot r_{-1}(x) + r_0(x)$,

$r_{-1}(x) = q_1(x) \cdot r_0(x) + r_1(x)$,

$r_0(x) = q_2(x) \cdot r_1(x) + r_2(x)$,

…

$r_{k-3}(x) = q_{k-1}(x) \cdot r_{k-2}(x) + r_{k-1}(x)$,

$r_{k-2}(x) = q_k(x) \cdot r_{k-1}(x) + r_k(x)$，此时 $r_k(x) = 0$，$gcd(f(x), g(x)) = r_{k-1}(x)$。$r_{k-1}(x)$ 是多项式 Euclid 除法中最后一个非零除式。

将上述过程反过来计算，则可以找到 s(x) 和 t(x)，使得公式 (3-6) 成立。

$$s(x) \cdot f(x) + t(x) \cdot g(x) = gcd(f(x), g(x)) \tag{3-6}$$

【例 3-8】 设 $F_2(x)$ 中的多项式 $f(x) = x^7 + x^5 + x^2 + 1$，$g(x) = x^4 + x^2 + x$，计算 $\gcd(f(x), g(x))$，并求 $s(x)$ 和 $t(x)$。

根据 Euclid 除法：

$(x^7 + x^5 + x^2 + 1)$	$= (x^3 + 1) \cdot$	$(x^4 + x^2 + x) +$	$(x + 1)$
$(x^4 + x^2 + x)$	$= (x^3 + x^2 + 1) \cdot$	$(x + 1) +$	(1)
$(x + 1)$	$= (x + 1) \cdot$	$(1) +$	(0)

所以 $\gcd(f(x), g(x)) = 1$。

将 Euclid 除法的过程反过来：

$1 = (x^4 + x^2 + x) + (x^3 + x^2 + 1) \cdot (x + 1)$

$\quad = (x^4 + x^2 + x) + (x^3 + x^2 + 1) \cdot ((x^7 + x^5 + x^2 + 1) + (x^3 + 1) \cdot (x^4 + x^2 + x))$

$\quad = g(x) + (x^3 + x^2 + 1) \cdot (f(x) + (x^3 + 1) \times g(x))$

$\quad = g(x) + (x^3 + x^2 + 1) \cdot f(x) + (x^3 + x^2 + 1) \cdot (x^3 + 1) \cdot g(x)$

$\quad = (x^3 + x^2 + 1) \cdot f(x) + (x^6 + x^5 + x^2) \cdot g(x)$

所以，$s(x) = x^3 + x^2 + 1$，$t(x) = x^6 + x^5 + x^2$。

3.1.3 利用不可约多项式构造有限域

通过不可约多项式可以构造有限域，有限域的多项式表示方法有利于加法运算，而本原元表示方法有利于乘法运算，可以通过建立两种表示方法之间的联系，使得加法和乘法都易于计算。

1. 有限域的构造

设 p 是任意给定的素数，n 是任意一个正整数。如果 $f(x)$ 是域 Z_p 上的一个 n 次不可约多项式，则 $Z_p[x]/f(x)$ 是一个域，如公式 (3-7) 所示。域 $Z_p[x]/f(x)$ 包含 p^n 个元素。

$$Z_p[x]/f(x) = \{a_0 + a_1x + \cdots + a_{n-1}x^{n-1}\} \tag{3-7}$$

将 $GF(p^n)[x]$ 标记为 $Z_p[x]/f(x)$，则 $GF(p^n)[x] = \{a_0 + a_1x + \cdots + a_{n-1}x^{n-1}\}$，其系数的加法和乘法相当于模 p 的加法和乘法，多项式的加法和乘法相当于模 $f(x)$ 的加法和乘法。

【例 3-9】 计算有限域 $Z_2[x]/(x^2 + x + 1)$ 中元素的加法和乘法运算的结果。

多项式 $a_0 + a_1x$ 的系数是有限域 GF(2) 中的元素，所以有限域 $Z_2[x]/(x^2 + x + 1)$ 中的元素包括 0、1、x、x + 1，元素之间的加法和乘法运算的结果模 $(x^2 + x + 1)$，所以加法运算的结果如表 3-1 所示，乘法运算的结果如表 3-2 所示。

表 3-1　模 $(x^2 + x + 1)$ 加法运算的结果

模 $(x^2 + x + 1)$ 的加法运算	0	1	x	x + 1
0	0	1	x	x + 1
1	1	0	x + 1	x
x	x	x + 1	0	1
x + 1	x + 1	x	1	0

表 3-2　模 $(x^2 + x + 1)$ 乘法运算的结果

模 $(x^2 + x + 1)$ 的乘法运算	0	1	x	x + 1
0	0	0	0	0
1	0	1	x	x + 1
x	0	x	x + 1	1
x + 1	0	x + 1	1	x

2. 有限域的表示

将 $GF(p^n)[x] = Z_p[x]/f(x)$ 简记为 $GF(p^n)$。如果 p 为素数，$q = p^n$，$GF(q)^*$ 是 $GF(q)$ 中非零元的集合，则 $(GF(q)^*, \times)$ 是 $q - 1$ 阶循环群。设 β 是 $GF(q)$ 的本原元，即 β 是 $GF(q)^*$ 的生成元，则 $GF(q)^* = \{\beta, \beta^2, \cdots, \beta^{q-2}, \beta^{q-1} = 1\}$，$GF(q) = \{0, 1, \beta, \beta^2, \cdots, \beta^{q-2}\}$。

设 p 是任意给定的一个素数，n 是任意一个正整数，如果 $f(x)$ 是域 Z_p 上的一个 n 次不可约多项式，则 $GF(p^n) = Z_p[x]/f(x)$ 的多项式表示方法如公式 (3-8) 所示，本原元表示方法如公式 (3-9) 所示。

$$GF(p^n) = \{a_0 + a_1 x + \cdots + a_{n-1} x^{n-1}\} \tag{3-8}$$

$$GF(p^n) = \{0, 1, \beta, \beta^2, \cdots, \beta^{q-2}\} \tag{3-9}$$

其中 $q = p^n$，β 是 $GF(q)$ 的一个本原元。

【例 3-10】　设 $f(x) = x^3 + x + 1$ 是一个 3 次不可约多项式，x 是 $GF(2^3)$ 的一个本原元，请给出 $GF(2^3)$ 的多项式表示形式以及基于本原元 x 的本原元表示形式。

多项式 $a_0 + a_1 x + a_2 x^2$ 的系数是有限域 $GF(2)$ 中的元素，所以有限域 $GF(2^3)$ 中元素包括 0、1、x、x + 1、x^2、$x^2 + 1$、$x^2 + x$、$x^2 + x + 1$，由此多项式表示形式为：$GF(2^3) = \{0, 1, x, x + 1, x^2, x^2 + 1, x^2 + x, x^2 + x + 1\}$。

因为 x 是 $GF(2^3)$ 的一个本原元，所以基于本原元 x 的本原元表示形式为：$GF(2^3) = \{0, 1, x, x^2, x^3, x^4, x^5, x^6\}$。

3.2　流加密算法的基本原理

流加密技术使用了一种特殊的二进制位运算，即"异或"运算，使该加密法具有一些特殊的性质。"一次一密"的无条件安全性也使流加密技术得到广泛关注。

1. 流加密技术的历史

AT&T 公司的弗纳姆 (Gilbert Vernam) 于 1917 年为电报通信设计了一种十分方便的加密技术 (Vernam 密码)，该加密技术首次建议在明文流中使用"异或"运算，这是流加密法最早的实际应用。"异或"运算相当于运算数进行模 2 加运算，其运算形式如图 3-1 所示。在 Vernam 加密技术中，明文和密钥保存在穿孔纸带上，穿孔纸带的一个穿孔表示一个标

记 (相当于二进制位 1)，一个空点表示一个空位 (相当于二进制位 0)。明文的 1 个字符由穿孔纸带上的 5 个标记或空位的序列表示；密钥纸带上随机分布标记和空位。加密时，明文纸带和密钥纸带并行，一次读取两条纸带上的两个对应位置。如果同为标记或空位，那么密文纸带上表示为空位；如果不同，那么密文纸带上表示为标记。

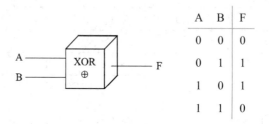

A	B	F
0	0	0
0	1	1
1	0	1
1	1	0

图 3-1　"异或"运算

克劳德·香浓 (Claude Shannon) 提出了通信技术的基础理论，开发了加密法的度量标准，将"对手通过查看密文无法获得明文的任何东西"这一概念形式化，证明了 Vernam 加密法是不可破解的。香浓证明，如果密钥是完全随机的，并且永不重复使用，那么加密法是不可破解的 ("一次一密"加密法)。"一次一密"的完善保密性证明使流加密技术广泛兴起。

2. 流加密的基本算法

流加密算法的基本原理非常简单，就是将明文与一个随机密钥序列进行"异或"运算来产生密文。基于"异或"运算的特性，将密文与同一个密钥序列进行"异或运算"就可以恢复明文。如果设明文为 $m = (m_1, m_2, \cdots, m_i, \cdots)$，$k = (k_1, k_2, \cdots, k_i, \cdots)$，那么流加密算法的加密运算如公式 (3-10) 所示，解密运算如公式 (3-11) 所示。

$$c_i = m_i \oplus k_i,\ i = 1, 2, \cdots \tag{3-10}$$
$$m_i = c_i \oplus k_i,\ i = 1, 2, \cdots \tag{3-11}$$

其中，$m_i, c_i, k_i \in GF(2)$；$\oplus$ 表示"异或"运算，0 和 1 的"异或"运算就是模 2 加法运算。

从公式 (3-10) 和 (3-11) 可以看出，流加密算法的加密和解密都非常简单，易于实现，非常适合于计算资源有限的系统，例如移动电话、小型嵌入式系统等。

3. 密钥流生成器

由"异或"运算的特性可知,任何二进制位与"0"进行"异或"运算结果不变；与"1"进行"异或"运算的结果相当于取反。也就是说，当 $m_i = 0$ 时，$c_i = k_i$；当 $m_i = 1$ 时，$c_i = \overline{k_i}$ ($\overline{k_i}$ 表示 k_i 的逻辑非运算)。由此可知，如果密钥位 k_i 是完全随机的，即 k_i 的值为 0 或 1 的概率都是 50%，那么密文位 c_i 的值是不可预测的，c_i 的值为 0 或者 1 的概率都是 50%。如果使用一个"真随机数生成器"得到一个密钥序列并且只使用 1 次,则可以实现"一次一密"加密，达到无条件安全性。

实际上，要实现"一次一密"是非常困难的，产生真随机的密钥序列对于计算机程序来说是不太可能的；另外，"一次一密"要求密钥序列只能使用一次。流加密算法要求密钥长度必须与明文长度相同，这需要在发送者和接收者之间建立另外一个秘密信道来传送与明文长度相同的密钥，这使得"一次一密"不具备实际使用的意义。

通常的做法是采用一个密钥流生成器，利用一个短的种子密钥来生成一个与明文长度相同的密钥序列作为加密密钥。这样，只要在发送者和接收者之间使用相同的密钥流生成器和种子密钥，就可以在他们之间产生相同的密钥序列。当然，这样产生的密钥序列不是真正的随机序列，而是一种伪随机序列，只要这个伪随机序列满足真正随机序列的特性，那么就可以用来安全加密通信。由此可见，设计流加密算法的关键在于设计一个密钥流生成器，由这个密钥流生成器产生的密钥序列需要具备良好的随机特性。在发送者和接收者之间建立秘密信道来传递长度很短的种子密钥，即可实现对称密钥的共享。

3.3 反馈移位寄存器

流加密算法的核心在于密钥流生成器，密钥流生成器可以利用一个短的种子密钥来生成一个长的密钥序列，这个密钥序列是一个伪随机序列。生成密钥流的基本部件是反馈移位寄存器 (Feedback Shift Register，FSR)。

3.3.1 线性反馈移位寄存器

反馈移位寄存器由两部分组成：移位寄存器和反馈函数。移位寄存器是一个比特位序列，它的长度用比特位表示，若移位寄存器的长度为 n 比特位，则称之为 n 位移位寄存器。每次运算，移位寄存器中最右端位 (最低位) 成为密钥流的 1 位；除最右端 1 位的所有位向右移 1 位；反馈函数根据移位寄存器中各位的值计算得到的值作为移位寄存器最左端 1 位 (最高位) 的新值。

1. 反馈函数

反馈移位寄存器是许多密钥流生成器的基本部件，图 3-2 是一个 n 级反馈移位寄存器。该反馈移位寄存器由 n 个寄存器和一个反馈函数 $f(a_1, a_2, \cdots, a_n)$ 组成。a_i 表示第 i 级寄存器 ($1 \leq i \leq n$)，a_i 的取值为 0 或 1。在任一时刻，这些寄存器的内容构成了反馈移位寄存器的一个状态。每一个状态实际上对应着一个 n 维向量 $(a_1, a_2, \cdots, a_n)$，总共有 2^n 个状态向量。

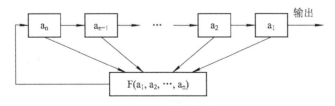

图 3-2 n 级反馈移位寄存器

如果反馈函数 $f(a_1, a_2, \cdots, a_n)$ 是 $a_1, a_2, \cdots, a_n$ 的线性函数，则称这样的移位寄存器为线性反馈移位寄存器 (Linear Feedback Shift Register，LFSR)，反馈函数如公式 (3-12) 所示。

$$f(a_1, a_2, \cdots, a_n) = b_1 \cdot a_1 \oplus b_2 \cdot a_2 \oplus \cdots \oplus b_n \cdot a_n, \quad b_i \in GF(2) \tag{3-12}$$

在公式 (3-12) 中，由于系数 b_i 的值是二进制数值，因此系数可以看作是"开关"，如图 3-3 所示。

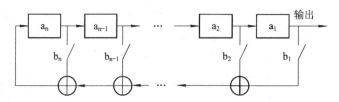

图 3-3　GF(2) 上的 n 级线性反馈移位寄存器

如果反馈函数的系数恒为零 (b_1, b_2, …, b_n 都为 0)，则无论初始状态如何，在 n 个时钟脉冲后，每个寄存器的内容都必然为 0，以后的输出也将全部为 0，因此，通常假设系数 b_1, b_2, …, b_n 不全为 0。

【例 3-11】　一个 3 级线性反馈移位寄存器的初始状态 $(a_1, a_2, a_3) = (1, 0, 1)$，反馈函数为 $f(a_1, a_2, a_3) = a_1 \oplus a_3$，计算这个 3 级线性反馈移位寄存器的状态和输出结果。

这个 3 级线性反馈移位寄存器如图 3-4 所示。

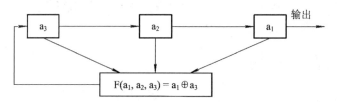

图 3-4　3 级线性反馈移位寄存器

表 3-3 是这个 3 级线性反馈移位寄存器的状态和输出结果。其中第 1 行是寄存器的初始状态值，将 a_1 的值输出，形成 1 比特输出；将 a_2 的值赋给 a_1，成为第 2 行中 a_1 的值，将 a_3 的值赋给 a_2，成为第 2 行中 a_2 的值；根据反馈函数计算原 (第 1 行)a_1 和 a_3 "异或" 运算的结果，赋值给 a_3，作为第 2 行 a_3 的值。

从表 3-3 可以看出，该 3 级线性反馈移位寄存器的输出结果为 1010011101001111…。从第 8 行开始，寄存器的状态恢复到了初始状态，寄存器状态和输出开始重复，所以周期为 7。

2. 输出周期

输出序列的周期取决于寄存器的初始状态和反馈函数。在 GF(2) 上，对于 n 级线性反馈移位寄存器，最多有 2^n 个不同的状态，去除全 0 的状态 (各个寄存器的值都为 0 时，输出将全部为 0)，输出序列的周期最多为 $2^n - 1$，周期达到最大值的序列称为 m 序列。在例 3-11 中，输出序列的周期为 $2^3 - 1 = 7$，达到了最大值，也就是说这个序列是 m 序列。

每个线性反馈移位寄存器都有一个关联的特征多

表 3-3　寄存器的状态和输出

标记	寄存器的状态			输出
	a_3	a_2	a_1	
1	1	0	1	1
2	0	1	0	0
3	0	0	1	1
4	1	0	0	0
5	1	1	0	0
6	1	1	1	1
7	0	1	1	1
8	1	0	1	1
9	0	1	0	0
10	0	0	1	1
11	1	0	0	0
12	1	1	0	0
13	1	1	1	1
14	0	1	1	1
15	1	0	1	1
…		…		…

项式，如公式 (3-13) 所示。该特征多项式与线性反馈移位寄存器的数学结构有关。

$$p(x) = b_n x^n + b_{n-1} x^{n-1} + \cdots + b_1 x + 1, \quad b_i \in GF(2) \tag{3-13}$$

如果线性反馈移位寄存器的特征多项式是本原多项式，那么线性反馈移位寄存器的输出序列达到最大周期，其输出序列为 m 序列。次数为 n(n 级线性反馈移位寄存器) 的本原多项式如表 3-4 所示。

表 3-4　常用本原多项式

次数	本原多项式	本原多项式系数的二进制形式
2	$x^2 + x + 1$	111
3	$x^3 + x + 1$	1011
4	$x^4 + x + 1$	10011
5	$x^5 + x^2 + 1$	100101
6	$x^6 + x + 1$	1000011
7	$x^7 + x^3 + 1$	10001001
8	$x^8 + x^4 + x^3 + x^2 + 1$	100011101

【例 3-12】 a 是一个 3 级线性反馈移位寄存器，其特征多项式为 $p_a(x) = x^3 + x + 1$；b 是一个 4 级线性反馈移位寄存器，其特征多项式为 $p_b(x) = x^4 + x^3 + x^2 + x + 1$。试分析 a 和 b 是否输出 m 序列，给出 a 和 b 的线性反馈函数。如果 a 和 b 的初始状态是全 "1"，请给出输出序列循环。

a 对应的特征多项式是一个本原多项式，所以 a 可以输出 m 序列，输出序列的周期为 7。a 的线性反馈函数为：$f_a(a_1, a_2, a_3) = a_3 \oplus a_1$。a 的初始状态是全 "1"，其输出序列为 "1110100"。

b 对应的特征多项式不是一个本原多项式，所以 b 不会输出 m 序列。b 的线性反馈函数为：$f_b(a_1, a_2, a_3, a_4) = a_4 \oplus a_3 \oplus a_2 \oplus a_1$。a 的初始状态是全 "1"，其输出序列为 "11110"。

3. 线性反馈函数的安全问题

由于线性反馈移位寄存器的线性特性，基于它的流加密算法在已知明文攻击下是比较容易破解的。

【例 3-13】 设流密码算法使用了一个 GF(2) 上的 3 级线性反馈移位寄存器作为密钥流生成器，已知明文 0100010001B 的密文为 1010110110B，试破译该加密算法。

通过明文和密文，可以计算得到密钥序列为：0100010001B $\oplus$ 1010110110B = 1110100 111B，也就是说 $a_1 = 1$，$a_2 = 1$，$a_3 = 1$，$a_4 = 0$，$a_5 = 1$，$a_6 = 0$。

通过以下同余式组来求解 c_1、c_2 和 c_3。

因为
$$\begin{cases} a_4 \equiv (c_3 a_1 + c_2 a_2 + c_1 a_3) \bmod 2 \\ a_5 \equiv (c_3 a_2 + c_2 a_3 + c_1 a_4) \bmod 2 \\ a_6 \equiv (c_3 a_3 + c_2 a_4 + c_1 a_5) \bmod 2 \end{cases}，\text{所以}$$

$$[a_4 \ a_5 \ a_6] = [c_3 \ c_2 \ c_1] \cdot \begin{bmatrix} a_1 & a_2 & a_3 \\ a_2 & a_3 & a_4 \\ a_3 & a_4 & a_5 \end{bmatrix}$$

$$[c_3 \ c_2 \ c_1] = [a_4 \ a_5 \ a_6] \cdot \begin{bmatrix} a_1 & a_2 & a_3 \\ a_2 & a_3 & a_4 \\ a_3 & a_4 & a_5 \end{bmatrix}^{-1} = [0 \ 1 \ 0] \cdot \begin{bmatrix} 1 & 1 & 1 \\ 1 & 1 & 0 \\ 1 & 0 & 1 \end{bmatrix}^{-1}$$

因为 $\begin{bmatrix} 1 & 1 & 1 \\ 1 & 1 & 0 \\ 1 & 0 & 1 \end{bmatrix}^{-1} = \begin{bmatrix} 1 & 1 & 1 \\ 1 & 0 & 1 \\ 1 & 1 & 1 \end{bmatrix}$，所以

$$[c_3 \ c_2 \ c_1] = [0 \ 1 \ 0] \cdot \begin{bmatrix} 1 & 1 & 1 \\ 1 & 0 & 1 \\ 1 & 1 & 0 \end{bmatrix} = [1 \ 0 \ 1]$$

因此，反馈函数为：$f(x) = a_1 \oplus a_3$，该加密算法被破解。

3.3.2　非线性反馈移位寄存器

为了获得更高的安全性，可以将多个线性反馈移位寄存器组合起来使用，从而获得非线性特性。图 3-5 是一个包含 n 个线性反馈移位寄存器的非线性组合。

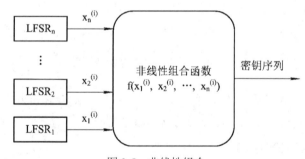

图 3-5　非线性组合

在图 3-5 中，每个线性反馈移位寄存器都产生一个不同的序列：$x_1^{(i)}, x_2^{(i)}, \cdots, x_n^{(i)}$，密钥序列 $k = (k_1, k_2, \cdots, k_t, \cdots)$ 可以利用一个非线性组合函数 $f(x_1^{(i)}, x_2^{(i)}, \cdots, x_n^{(i)})$ 根据每个线性反馈移位寄存器的输出来产生，即 $k_t = f(x_1^{(t)}, x_2^{(t)}, \cdots, x_n^{(t)})$，$t \geq 1$。

【例 3-14】　由 3 个线性反馈移位寄存器组合成一个非线性反馈移位寄存器，其非线性组合函数 $f(x_1^{(i)}, x_2^{(i)}, x_3^{(i)}) = x_1^{(i)} \cdot x_3^{(i)} \oplus x_2^{(i)} \oplus x_2^{(i)} \cdot x_3^{(i)}$，试计算该非线性反馈移位寄存器的输出序列。

因为 $k_t = f(x_1^{(t)}, x_2^{(t)}, x_3^{(t)})$，$t \geq 1$，所以当 $x_1^{(1)} = 0, x_2^{(1)} = 0, x_3^{(1)} = 0$ 时，$k_1 = 0 \cdot 0 \oplus 0 \oplus 0 \cdot 0 = 0$；当 $x_1^{(2)} = 0, x_2^{(2)} = 0, x_3^{(2)} = 1$ 时，$k_2 = 0 \cdot 0 \oplus 0 \oplus 0 \cdot 1 = 0$；当 $x_1^{(3)} = 0, x_2^{(3)} = 1, x_3^{(3)} = 0$ 时，$k_3 = 0 \cdot 0 \oplus 1 \oplus 0 \cdot 0 = 1$。

3 个线性反馈移位寄存器的输出均属于 GF(2)，所以输出共有 8 个组合，对应的输入序列如表 3-5 所示。

表 3-5　组合函数的输出结果

i	$x_1^{(i)}$	$x_2^{(i)}$	$x_3^{(i)}$	输出序列
1	0	0	0	0
2	0	0	1	0
3	0	1	0	1
4	0	1	1	0
5	1	0	0	1
6	1	0	1	1
7	1	1	0	1
8	1	1	1	1

在有限域 GF(2) 上，非线性组合功能可以由布尔函数来表示，所以对非线性组合的研究可以归结为对布尔函数的研究。如果一个函数有 n 个二元输入和一个二元输出，那么称这个函数为包含 n 个变元的布尔函数。

除了通过非线性函数组合多个线性反馈移位寄存器构造非线性反馈移位寄存器来生成密钥流以外，还可以通过非线性滤波生成器方式、钟控生成器方式等来获得非线性反馈移位寄存器，并获得安全的密钥流。

(1) 非线性滤波生成器方式又称前馈生成器，将一个线性反馈移位寄存器的各位通过一个非线性函数的组合输出。

(2) 钟控生成器方式：某些线性反馈移位寄存器在其他线性反馈移位寄存器的控制下以不规则的时钟输出。

3.4　典型流加密算法

本节以 A5/1 和 RC4 流加密算法为例介绍典型流加密算法的基本原理。

3.4.1　A5/1 加密算法

A5 算法是欧洲 GSM(Global System for Mobile Communications，全球移动通信系统) 标准中规定的加密算法，用于 GSM 中移动电话与基站之间的语音加密。其中，A5/1 算法为强加密算法，适用于欧洲地区；A5/2 算法为弱加密算法，适用于欧洲以外的地区。

A5/1 加密算法包含 3 个大小不同的线性反馈移位寄存器 A、B 和 C，其中 A 包含 19 bit，B 包含 22 bit，C 包含 23 bit(总共 64 bit)。密钥流的输出采用钟控生成器方式，且遵循"择多"的原则。A5/1 算法的示意图如图 3-6 所示。

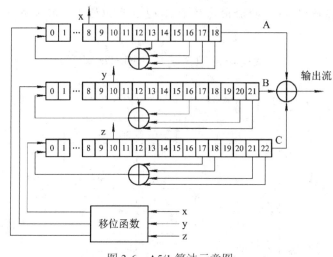

图 3-6   A5/1 算法示意图   A5/1 算法

从图 3-6 可以看出，线性反馈移位寄存器 A 的内容表示为 A[0], A[1], …, A[18]，A 右移 1 位，A[18] 的内容输出，A[0] 的内容由反馈函数 $f_A(A[0], A[1], …, A[18]) = A[13] \oplus A[16] \oplus A[17] \oplus A[18]$ 的值所替代；线性反馈移位寄存器 B 的内容表示为 B[0], B[1], …, B[21]，B 右移 1 位，B[21] 的内容输出，B[0] 的内容由反馈函数 $f_B(B[0], B[1], …, B[21]) = B[12] \oplus B[16] \oplus B[20] \oplus B[21]$ 的值所替代；线性反馈移位寄存器 C 的内容表示为 C[0], C[1], …, C[22]，C 右移 1 位，C[22] 的内容输出，C[0] 的内容由反馈函数 $f_C(C[0], C[1], …, C[22]) = C[17] \oplus C[18] \oplus C[21] \oplus C[22]$ 的值所替代。

这 3 个线性反馈移位寄存器是否移位，取决于 A[8]、B[10] 和 C[10] 的值，当这 3 个值中至少有两个 "1" 时，值为 "1" 的寄存器对应的线性反馈移位寄存器右移 1 位，值为 "0" 的寄存器对应的线性反馈移位寄存器不移位；当这 3 个值中至少有两个 "0" 时，值为 "0" 的寄存器对应的线性反馈移位寄存器右移 1 位，值为 "1" 的寄存器对应的线性反馈移位寄存器不移位。这种原则被称为 "择多" 原则，可以保证每个时钟周期有两个线性反馈移位寄存器进行移位。

每个时钟周期，A5/1 算法将 3 个线性反馈移位寄存器输出的 1 位，即 A[18]、B[21] 和 C[22] 进行 "异或" 运算，其结果作为整个算法 1 bit 的密钥输出，即整个算法所构成的非线性反馈移位寄存器的密钥流输出函数为：$f(A[18], B[21], C[22]) = A[18] \oplus B[21] \oplus C[22]$。

3.4.2   RC4 加密算法

RC4 算法是 Ron Rivest 在 1987 年设计出的密钥长度可变的流加密算法。RC4 算法的优点是很容易用软件实现，加解密速度快，被广泛应用于多种应用软件以及安全协议中 [例如安全套接层 (Secure Sockets Layer，SSL) 协议]。该算法还被应用于无线系统，从而保护无线连接的安全。

RC4 算法是一种基于非线性数据表变换的流加密算法。它以一个足够大的数据表 (S 盒) 为基础，对表进行非线性变换，产生非线性的密钥流序列。RC4 算法的 S 盒的大小根据参数 n 的值的不同而不同，通常 n = 8，这样 RC4 算法可以生成总共包含 256(2⁸) 个元素的数据表 S：S[0], S[1], …, S[255]，每次输出一个元素。

1. 密钥调度算法

密钥调度算法 (Key-Scheduling Algorithm, KSA) 用来设置数据表 S。

初始化 S 表时，通过公式 (3-14) 设置 S 表的元素。

$$S(i) = i, 0 \leqslant i \leqslant 255 \tag{3-14}$$

通过选取一系列数字 (当参数 n = 8 时，这些数字的取值范围为 0～255) 作为种子密钥，并将这些数字循环加载到密钥表 K 中完成种子密钥表的设置。例如，如果选择了 m 个数字，$d_0, d_1, …, d_{m-1}$，那么密钥表 K：K[0] = d_0, K[1] = d_1, …, K[m − 1] = d_{m-1}, K[m] = d_1, K[m + 1] = d_2, …。

数据表 S 通过图 3-7 所示的程序完成随机化，其中 swap(a,b) 是一个交换函数，表示对两个参数的值进行交换。

```
j:=0
for i:=0 to 255 do begin
  j:=i+S(i)+K(i) (mod 256)
    swap (S(i), S(j))
end
```

图 3-7　数据表 S 的随机化过程

2. 伪随机生成算法

伪随机生成算法 (Pseudo Random-Generation Algorithm, PRGA) 用来选取随机元素，并修改 S 的原始排序顺序。

当 KSA 算法完成了数据表 S 的初始随机化以后，PRGA 将为密钥流选取字节，即从数据表 S 中选取随机元素，并修改数据表 S 以便下一次选取。选取过程取决于索引 i 和 j，这两个索引值都是从 0 开始的。图 3-8 是密钥流的选取程序。

```
i:=i+1 (mod 256)
j:=j+S(i) (mod 256)
swap (S(i), S(j))
t:=S(i)+S(j) (mod 256)
k:=S(t)
```

图 3-8　密钥流选取过程

习　题

1. 填空题

(1) 对于线性反馈移位寄存器，通过 (　　　) 攻击比较容易破解。

(2) 流加密算法是对明文和密钥进行 (　　) 运算。

(3) 在 A5 算法中，(　　) 算法为强加密算法，适用于欧洲地区；(　　) 算法为弱加密算法，适用于欧洲以外的地区。

(4) 流加密算法属于 (　　) 密码体制。

2. 简答题

(1) 简述线性反馈移位寄存器的组成。

(2) 简述怎样设计线性反馈移位寄存器，才能够使它产生 m 序列。

(3) 简述 A5 算法是如何构造非线性反馈移位寄存器的。

(4) 简述 RC4 算法是如何产生密钥流的。

3. 问答题

(1) 试分析整数集合 $\mathbf{Z}_4 = \{0, 1, 2, 3\}$ 对于"模 4 乘法"运算，是否构成一个群。

(2) 试分析为什么 $GF(2) = \{0, 1\}$ 是一个有限域，并计算"模 2 加法"运算的单位元以及两个元素的逆元；计算"模 2 乘法"运算的单位元及非 0 元素的逆元。

(3) 系数在有限域 GF(2) 上的多项式 $f(x) = x^8 + x^4 + x^3 + x + 1$，$g(x) = x^4 + x + 1$，试计算 $f(x) + g(x)$ 和 $f(x)g(x)$ 的结果。

(4) 系数在有限域 GF(2) 上的多项式 $f(x) = x^8 + x^4 + x^3 + x + 1$，$g(x) = x^4 + x + 1$，试计算这两个多项式的最大公因式 $gcd(f(x), g(x))$。根据 $s(x) \cdot f(x) + t(x) \cdot g(x) = gcd(f(x), g(x))$，计算 $s(x)$ 和 $t(x)$。

(5) a 是一个 4 级线性反馈移位寄存器，其特征多项式为 $p(x) = x^4 + x + 1$。请给出其反馈函数，并分析其是否能产生 m 序列。如果其初始状态为 1001，请计算出 1 个输出序列。

(6) 在 RC4 算法中，如果参数 n = 2，种子密钥为 0、2，明文流 m 的 8 bit 为 11100001，试计算密钥流以及密文流。

第 4 章　分组加密算法

学习目标

(1) 了解分组密码体制中，扩散性和模糊性的作用。

(2) 了解 Feistel 网络和 SP 网络的结构。

(3) 掌握 DES 算法的结构。

(4) 掌握 AES 算法的结构。

(5) 掌握常用分组加密工作模式的结构及特点。

分组加密算法也叫块加密算法 (Block Cipher)，属于对称密码体制，是"替代 - 换位"加密法到计算机加密的延伸。分组加密算法采用二进制位运算 (或字节运算) 方式，运算效率相对较高，被广泛应用于现代加密系统中，是现代密码学的重要组成部分。

4.1　分组加密算法概述

分组加密算法将明文编码为二进制序列后，按固定长度分为 t 个分组：$M_1, M_2, \cdots, M_t$，使用密钥对每个分组执行相同的变换，从而生成 t 个密文分组：$C_1, C_2, \cdots, C_t$。

1. 明文数据分组的处理

考虑到算法的安全性，分组加密算法的分组长度不能太短，应该保证加密算法能够抵抗密码分析；另外，考虑到分组加密算法的实用性，分组长度不能太长，要便于运算。目前，分组加密算法分组的大小通常为 64 bit 或 128 bit。

分组加密算法处理的分组大小是固定的，如果明文数据的大小不是分组大小的整数倍，那么就需要对最后一个分组进行填充，使其达到规定的大小。填充应该具有可逆性，即在解密时应该能够识别出加密时使用的填充数据。一种简单的填充方式是在消息分组的末尾填充 1 个 "1"，然后附加足够多的 "0"，直到将消息分组填充到所要求的长度为止。在这种填充方式中，如果消息的长度刚好是分组长度的整数倍，那么也需要填充，所填充的位构成最后一个新的分组。

2. 分组加密算法的基本结构

20 世纪 40 年代，香浓提出，好的加密算法应该具备扩散性 (Diffusion) 和模糊性 (Confusion)。扩散就是让明文中的每一比特影响密文中的许多比特，或者说让密文中的每一比特受明文中的许多比特的影响，这样可以隐蔽明文的统计特性。实现扩散性的常用方法是换位。模糊性就是将密文与密钥之间的统计关系变得尽可能复杂，使得对手即使获取了关于密文的一些统计特性，也无法推测密钥。使用复杂的非线性替代变换可以达到比较好的模糊效果。实现模糊性的常用方法是替代。

如果将扩散和模糊串联起来并重复操作，则可以构建强壮的密码体制，这样的密码体制被称为乘积密码 (Produce Cipher)。目前，分组加密算法都属于乘积密码，因为它们都是通过对数据重复操作的轮迭代组合而成的。分组加密算法的迭代方式主要有两种：Feistel 网络和 SP(Substitution-Permutation) 网络。

1) Feistel 网络

Feistel 网络是一种迭代结构，如图 4-1 所示。它将明文平分为左右两部分，L_0 和 R_0，经过 $r(r \geqslant 1)$ 轮迭代完成整个操作过程。假设第 $i-1$ 轮的输出为 L_{i-1} 和 R_{i-1}，则它们作为第 i 轮的输入，重复执行相同的变换。Feistel 网络结构的典型代表是 DES。

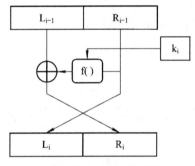

图 4-1　Feistel 网络示意图

2) SP 网络

在 SP 网络中，S 表示替代，又被称为混淆层，主要起模糊作用；P 表示换位，又被称为换位层，主要起扩散作用。

SP 网络也是一种乘积密码，它由一定数量的迭代组成，其中每一次迭代都包含替代和换位，如图 4-2 所示。假设第 $i-1$ 轮的输出为 x_{i-1}，它是第 i 轮的输入，在经过替代和换位后，输出第 i 轮的结果 x_i，这里的替代部分需要使用第 i 轮的子密钥 k_i。SP 网络结构的典型代表是 AES。

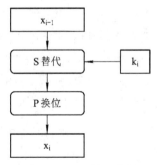

图 4-2　SP 网络示意图

4.2　数据加密标准

DES 算法是第一个公开的，并且完全说明实现细节的商用密码算法。该算法采用 Feistel 网络，是一种乘积密码。

4.2.1　DES 算法的整体结构

DES 是一个迭代分组加密算法，它使用 64 bit 的密钥加密 64 bit 明文分组，得到 64 bit 密文分组。密钥中每个字节的最后 1 bit(总共 8 bit) 作为对应字节的奇偶校验位，所以 DES 密钥中的有效密钥为 56 bit。

DES 算法的整体结构

DES 的加密过程包含 3 个阶段：

(1) 将 64 bit 明文数据分组送入初始换位 IP( ) 函数 (Initial Permutation)，用于对明文中的数据重新排列，然后将明文分成两部分，分别为 L_0(前 32 bit) 和 R_0(后 32 bit)。

(2) 进行 16 轮迭代运算。这 16 轮迭代运算具有相同的结构，每轮都会应用替代技术和换位技术，且使用不同的子密钥 k_i。这些子密钥是从原始密钥运算而来的。第 16 轮运算的输出为 R_{16} 和 L_{16}。

(3) 将 R_{16} 和 L_{16} 重新拼接起来，然后送入逆初始换位 IP^{-1}( ) 函数，最后的输出就是 64 bit 的密文。

DES 的整体结构如图 4-3 所示。

4.2.2　DES 算法子密钥生成

DES 算法需要进行 16 轮迭代运算，每轮都需要一个 48 bit 的子密钥。子密钥是根据用户提供的 64 bit 原始密钥采用图 4-4 所示的方法产生的。

子密钥的生成

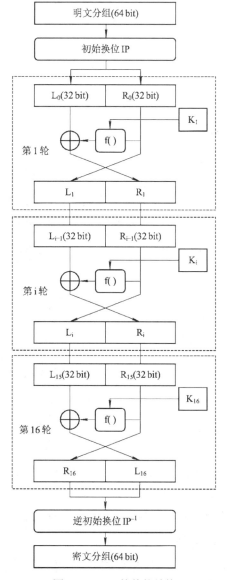

图 4-3　DES 的整体结构

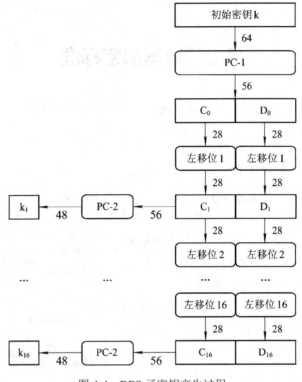

图 4-4   DES 子密钥产生过程

(1) 将 64 bit 的初始密钥送入压缩型初始密钥换位表 PC-1，如表 4-1 所示，去除奇偶校验位，对密钥重新排列并分为两部分，C_0(前 28 bit) 和 D_0(后 28 bit)。

表 4-1   PC-1 换位表

57	49	41	33	25	17	9
1	58	50	42	34	26	18
10	2	59	51	43	35	27
19	11	3	60	52	44	36
63	55	47	39	31	23	15
7	62	54	46	38	30	22
14	6	61	53	45	37	29
21	13	5	28	20	12	4

(2) 在计算第 i 轮子密钥时，将 C_{i-1} 和 D_{i-1} 分别循环左移，移动位数取决于轮数 i。在第 i = 1, 2, 9, 16 轮中，左右两部分分别循环左移 1 位，其余轮中分别循环左移 2 位。采用这样的方法，循环移动的总位数为 28 位，使得 $C_0 = C_{16}$，$D_0 = D_{16}$ 成立，这对解密时子密钥的生成非常有利。

(3) 将经过移位后的 C_i 和 D_i 送入一个压缩型换位表 PC-2，如表 4-2 所示，将子密钥压缩为 48 bit(去除第 9、18、22、25、35、38、43、54 位)。

表 4-2　PC-2 换位表

14	17	11	24	1	5
3	28	15	6	21	10
23	19	12	4	26	8
16	7	27	20	13	2
41	52	31	37	47	55
30	40	51	45	33	48
44	49	39	56	34	53
46	42	50	36	29	32

4.2.3　DES 算法加密过程

DES 算法的加密过程包括 3 个阶段：初始换位、16 轮迭代运算和逆初始换位。

1. 初始换位与逆初始换位

初始换位将表 4-3 的 64 bit 明文分组，按照表 4-4 的初始换位表进行重新排列。从表 4-4 可知，明文分组的第 58 位被换位到第 1 位；第 50 位被换位到第 2 位，以此类推。表 4-5 给出了初始换位后的 64 bit 明文分组，其中前 32 bit 作为左半部分 L_0；后 32 bit 作为右半部分 R_0。

表 4-3　64 bit 明文分组

B_{11}	B_{12}	B_{13}	B_{14}	B_{15}	B_{16}	B_{17}	B_{18}
B_{21}	B_{22}	B_{23}	B_{24}	B_{25}	B_{26}	B_{27}	B_{28}
B_{31}	B_{32}	B_{33}	B_{34}	B_{35}	B_{36}	B_{37}	B_{38}
B_{41}	B_{42}	B_{43}	B_{44}	B_{45}	B_{46}	B_{47}	B_{48}
B_{51}	B_{52}	B_{53}	B_{54}	B_{55}	B_{56}	B_{57}	B_{58}
B_{61}	B_{62}	B_{63}	B_{64}	B_{65}	B_{66}	B_{67}	B_{68}
B_{71}	B_{72}	B_{73}	B_{74}	B_{75}	B_{76}	B_{77}	B_{78}
B_{81}	B_{82}	B_{83}	B_{84}	B_{85}	B_{86}	B_{87}	B_{88}

表 4-4　初始换位表

58	50	42	34	26	18	10	2
60	52	44	36	28	20	12	4
62	54	46	38	30	22	14	6
64	56	48	40	32	24	16	8
57	49	41	33	25	17	9	1
59	51	43	35	27	19	11	3
61	53	45	37	29	21	13	5
63	55	47	39	31	23	15	7

表 4-5　初始换位后 64 bit 明文分组

B_{82}	B_{72}	B_{62}	B_{52}	B_{42}	B_{32}	B_{22}	B_{12}
B_{84}	B_{74}	B_{64}	B_{54}	B_{44}	B_{34}	B_{24}	B_{14}
B_{86}	B_{76}	B_{66}	B_{56}	B_{46}	B_{36}	B_{26}	B_{16}
B_{88}	B_{78}	B_{68}	B_{58}	B_{48}	B_{38}	B_{28}	B_{18}
B_{81}	B_{71}	B_{61}	B_{51}	B_{41}	B_{31}	B_{21}	B_{11}
B_{83}	B_{73}	B_{63}	B_{53}	B_{43}	B_{33}	B_{23}	B_{13}
B_{85}	B_{75}	B_{65}	B_{55}	B_{45}	B_{35}	B_{25}	B_{15}
B_{87}	B_{77}	B_{67}	B_{57}	B_{47}	B_{37}	B_{27}	B_{17}

初始换位与逆初始换位

逆初始换位 IP^{-1} 是初始换位的逆过程，表 4-6 是逆初始换位表。逆初始换位针对 16 轮迭代的结果进行运算，即执行 IP^{-1}(R$_{16}$ ‖ L$_{16}$)。表 4-7 是针对表 4-5 逆初始换位后的结果。可以看出，通过逆初始换位，原明文分组的比特位被恢复原位。

表 4-6　逆初始换位表

40	8	48	16	56	24	64	32
39	7	47	15	55	23	63	31
38	6	46	14	54	22	62	30
37	5	45	13	53	21	61	29
36	4	44	12	52	20	60	28
35	3	43	11	51	19	59	27
34	2	42	10	50	18	58	26
33	1	41	9	49	17	57	25

表 4-7　逆初始换位后的结果

B_{11}	B_{12}	B_{13}	B_{14}	B_{15}	B_{16}	B_{17}	B_{18}
B_{21}	B_{22}	B_{23}	B_{24}	B_{25}	B_{26}	B_{27}	B_{28}
B_{31}	B_{32}	B_{33}	B_{34}	B_{35}	B_{36}	B_{37}	B_{38}
B_{41}	B_{42}	B_{43}	B_{44}	B_{45}	B_{46}	B_{47}	B_{48}
B_{51}	B_{52}	B_{53}	B_{54}	B_{55}	B_{56}	B_{57}	B_{58}
B_{61}	B_{62}	B_{63}	B_{64}	B_{65}	B_{66}	B_{67}	B_{68}
B_{71}	B_{72}	B_{73}	B_{74}	B_{75}	B_{76}	B_{77}	B_{78}
B_{81}	B_{82}	B_{83}	B_{84}	B_{85}	B_{86}	B_{87}	B_{88}

2. 16 轮迭代运算

16 轮迭代运算具有相同的结构，如图 4-3 所示。初始换位后的明文被分为左右两部分进行处理，每轮迭代的输入是上一轮的输出，其规则如公式 (4-1) 所示。

$$L_i = R_{i-1}$$
$$R_i = L_{i-1} \oplus f(R_{i-1}, k_i)$$

(4-1)

其中：

(1) i = 1, 2, ···, 16。

(2) ⊕ 表示"异或"运算。

(3) f( ) 是一个非线性函数，其结构如图 4-5 所示。

迭代运算

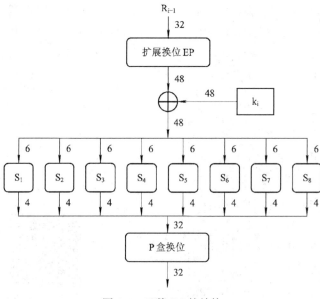

图 4-5　函数 f( ) 的结构

(4) k_i 是第 i 轮的子密钥。

需要注意的是，第 16 轮输出的结果不进行左右交换，其目的是使加密和解密可以使用同一个算法。

DES 算法的核心是非线性函数 f( )。该函数的输入是上一轮的右半部分 R_{i-1}(32 bit) 和当前子密钥 k_i(48 bit)；输出 32 bit，并用来与上一轮的 L_{i-1}(32 bit) 做异或运算得到右半部分 R_i。函数 f( ) 包括四个变换：扩展换位 (Expansion Permutation，EP)、子密钥异或、S 盒 (S-Box) 替代、P 盒 (P-Box) 换位。

1) 扩展换位

扩展换位如表 4-8 所示，它将 32 bit 输入扩展为 48 bit。首先，32 bit 输入被分为 8 组，每组 4 bit，每组 4 bit 扩展为 6 bit。在每组的 6 bit 结果中，中间 4 bit 就是原来的 4 bit，而第 1 比特位和第 6 比特位分别是相邻的两个 4 bit 输入组最外面两个比特位。

表 4-8　扩　展　换　位

32	1	2	3	4	5
4	5	6	7	8	9
8	9	10	11	12	13
12	13	14	15	16	17
16	17	18	19	20	21
20	21	22	23	24	25
24	25	26	27	28	29
28	29	30	31	32	1

扩展换位的作用是确保最终的密文与所有的明文比特位都有关。当 8 次迭代结束后，32 bit 的明文的每一个比特位将扩散影响所有的分组；由于每次迭代进行左右交换，这样经过 16 次扩展换位，64 bit 明文分组的每一位都将扩散到所有分组。

2) 子密钥异或

子密钥异或是指将经过扩展换位得到的 48 bit 输出与子密钥 k_i 进行"异或"运算。

3) S 盒替代

S 盒替代是将上一步输出的 48 bit 作为输入，经过变换得到 32 bit 输出。S 盒替代将 48 bit 分成 8 个 6 bit 的分组，分别输入 8 个不同的 S 盒。每个 S 盒是一个 4 行 16 列的表，如表 4-9 所示。假设 S 盒的 6 位输入为 $x_5x_4x_3x_2x_1x_0$，将 x_5x_0 转换成十进制数 0～3 中的一个数，它确定表中的行号；将 $x_4x_3x_2x_1$ 转换成十进制数 0~15 中的一个数，它确定表中的列号，利用行号和列号查询 S 盒，得到一个整数，将该整数转换成二进制数就是输出结果 $y_3y_2y_1y_0$。

表 4-9　8 个 S 盒

S盒	行	列															
		0	1	2	3	4	5	6	7	8	9	10	11	12	13	14	15
S1盒	0	14	4	13	1	2	15	11	8	3	10	6	12	5	9	0	7
	1	0	15	7	4	14	2	13	1	10	6	12	11	9	5	3	8
	2	4	1	14	8	13	6	2	11	15	12	9	7	3	10	5	0
	3	5	12	8	2	4	9	1	7	5	11	3	14	10	0	6	13
S2盒	0	15	1	8	14	6	11	3	4	9	7	2	13	12	0	5	10
	1	3	13	4	7	15	2	8	14	12	0	1	10	6	9	11	5
	2	0	14	7	11	10	4	13	1	5	8	12	6	9	3	2	15
	3	13	8	10	1	3	15	4	2	11	6	7	12	0	5	14	9
S3盒	0	10	0	9	14	6	3	15	5	1	13	12	7	11	4	2	8
	1	13	7	0	9	3	4	6	10	2	8	5	14	12	11	15	1
	2	13	6	4	9	8	15	3	0	11	1	2	12	5	10	14	7
	3	1	10	13	0	6	9	8	7	4	15	14	3	11	5	2	12
S4盒	0	7	13	14	3	0	6	9	10	1	2	8	5	11	12	4	15
	1	13	8	11	5	6	15	0	3	4	7	2	12	1	10	14	9
	2	10	6	9	0	12	11	7	13	15	1	3	14	5	2	8	4
	3	3	15	0	6	10	1	13	8	9	4	5	11	12	7	2	14
S5盒	0	2	12	4	1	7	10	11	6	8	5	3	15	13	0	14	9
	1	14	11	2	12	4	7	13	1	5	0	15	10	3	9	8	6
	2	4	2	1	11	10	13	7	8	15	9	12	5	6	3	0	14
	3	11	8	12	7	1	14	2	13	6	15	0	9	10	4	5	3
S6盒	0	12	1	10	15	9	2	6	8	0	13	3	4	14	7	5	11
	1	10	15	4	2	7	12	9	5	6	1	13	14	0	11	3	8
	2	9	14	15	5	2	8	12	3	7	0	4	10	1	13	11	6
	3	4	3	2	12	9	5	15	10	11	14	1	7	6	0	8	13
S7盒	0	4	11	2	14	15	0	8	13	3	12	9	7	5	10	6	1
	1	13	0	11	7	4	9	1	10	14	3	5	12	2	15	8	6
	2	1	4	11	13	12	3	7	14	10	15	6	8	0	5	9	2
	3	6	11	13	8	1	4	10	7	9	5	0	15	14	2	3	12
S8盒	0	13	2	8	4	6	15	11	1	10	9	3	14	5	0	12	7
	1	1	15	13	8	10	3	7	4	12	5	6	11	0	14	9	2
	2	7	11	4	1	9	12	14	2	0	6	10	13	15	3	5	8
	3	2	1	14	7	4	10	8	13	15	12	9	0	3	5	6	11

S 盒替代是 DES 算法的核心，是一种非线性运算，如公式 (4-2) 所示。

$$S(x) \oplus S(y) \neq S(x \oplus y) \tag{4-2}$$

如果没有非线性运算，则破译者就能够使用一个线性等式组来表示 DES 的输入和输出，其中密钥位是未知的，这样的算法很容易被破译。另外，S 盒的每行必须包含所有可能输出位的组合。如果 S 盒的两个输入只有 1 个比特位不同，那么输出必须至少有两个比特位不同。如果两个输入中间的两个比特位不同 (同行不同列)，那么输出也必须至少有两个比特位不同。

4) P 盒换位

P 盒换位是将 S 盒替代的输出结果按照固定的换位盒 (P 盒) 进行变换。该换位将每位映射到输出位，任何一位不能被映射两次，也不能被省略。P 盒换位如表 4-10 所示。

表 4-10　P 盒换位

16	7	20	21
29	12	28	17
1	15	23	26
5	18	31	10
2	8	24	14
32	27	3	9
19	13	30	6
22	11	4	25

4.2.4　DES 算法解密过程

DES 解密与加密使用相同的算法，解密的每轮操作都是加密中对应轮的逆运算，即解密的第 1 轮是加密的第 16 轮的逆运算，解密的第 2 轮是加密的第 15 轮的逆运算，以此类推。只不过在 16 次迭代运算中使用的子密钥的次序正好相反，即第 1 轮使用 k_{16}，第 2 轮使用 k_{15}，以此类推。

【例 4-1】　DES 算法的解密运算。

以下解密过程中的所有变量都标注了上标 d。

首先，如图 4-3 所示，DES 的密文分组 C 可以表示为：

$C = IP^{-1}(R_{16} \| L_{16})$，将其代入加密算法，首先进行初始换位 IP：

$$L_0^d \| R_0^d = IP(C) = IP(IP^{-1}(R_{16} \| L_{16})) = R_{16} \| L_{16}$$

即 $L_0^d = R_{16}$，$R_0^d = L_{16}$，也就是说解密第 1 轮的输入是加密第 16 轮的输出。

然后分析解密的第 1 轮操作：

$$L_1^d = R_0^d = L_{16} = R_{15}$$

$$R_1^d = L_0^d \oplus f(R_0^d, k_{16}) = \underline{R_{16}} \oplus f(L_{16}, k_{16})$$
$$= \underline{L_{15} \oplus f(R_{15}, k_{16})} \oplus f(L_{16}, k_{16})$$
$$= L_{15} \oplus f(L_{15}, k_{16}) \oplus f(\underline{R_{15}}, k_{16})$$
$$= L_{15}$$

这说明，解密的第 1 轮输出与加密的第 16 轮输入相等。

其余 15 轮迭代也执行相同的操作，可以表示为：

$$L_i^d = R_{16-i}$$
$$R_i^d = L_{16-i}$$

其中，$i = 1, 2, \cdots, 16$。

解密的第 16 轮为：

$$L_{16}^d = R_0$$
$$R_{16}^d = L_0$$

最后，经过逆初始换位，可以恢复出明文 M：

$$IP^{-1}(R_{16}^d \| L_{16}^d) = IP^{-1}(\underline{L_0 \| R_0})$$
$$= IP^{-1}(\underline{IP(M)})$$
$$= M$$

接下来分析解密的子密钥的生成过程。首先，$C_{16} = C_0$，$D_{16} = D_0$，所以：

$$k_{16} = PC\text{-}2(PC\text{-}1(k))$$

计算 k_{15} 时，可以通过 C_{16} 和 D_{16} 循环右移 1 位，再经过压缩型换位 PC-2 得到。其他子密钥可以采用相似的方法得到。其中 k_{15}、k_8、k_1 需要循环右移 1 位后，再经过压缩型换位 PC-2 得到子密钥；其他子密钥则需要循环右移两位。

4.2.5 DES 算法安全性分析

在 DES 算法中，S 盒是其核心部件，它是一种非线性变换，对加密起着重要作用。

DES 算法总结

1. 算法特殊性质

(1) 互补性。如果 $C = DES_k(M)$，那么当明文和密钥取补后，密文也会取补，即 $\overline{C} = DES_{\overline{k}}(\overline{M})$。这种形式使 DES 在选择明文攻击下工作量减半。

(2) 弱密钥。DES 在每轮操作中都会使用一个子密钥。如果给定初始密钥 k，使各轮子密钥都相等，则称 k 为弱密钥。通过弱密钥，加密明文两次，则得到的仍然是明文，即 $M = DES_k(DES_k(M))$。

DES 的弱密钥包括 0101010101010101H、1F1F1F1F0E0E0E0EH、E0E0E0E0F1F1F1F1H、FEFEFEFEFEFEFEFEH。

(3) 半弱密钥。如果两个不同的密钥 k 和 k' 使 M = DES$_k$ (DES$_{k'}$(M))，则 k 和 k' 为半弱密钥，即 k' 能够解密由密钥 k 加密所得的密文。半弱密钥只交替地生成两种子密钥，DES 有以下 6 对半弱密钥：

$$\begin{cases} k = 01\ FE\ 01\ FE\ 01\ FE\ 01\ FFE \\ k' = FE\ 01\ FE\ 01\ FE\ 01\ FE\ 01H \end{cases}$$

$$\begin{cases} k = 1F\ E0\ 1F\ E0\ 0E\ F1\ 0E\ F1H \\ k' = E0\ 1F\ E0\ 1F\ F1\ 0E\ F1\ 0EH \end{cases}$$

$$\begin{cases} k = 01\ E0\ 01\ E0\ 01\ F1\ 01\ F1H \\ k' = E0\ 01\ E0\ 01\ F1\ 01\ F1\ 01H \end{cases}$$

$$\begin{cases} k = 1F\ FE\ 1F\ FE\ 0E\ FE\ 0E\ FEH \\ k' = FE\ 1F\ FE\ 1F\ FE\ 0E\ FE\ 0EH \end{cases}$$

$$\begin{cases} k = 01\ 1F\ 01\ 1F\ 01\ 0E\ 01\ 0EH \\ k' = 1F\ 01\ 1F\ 01\ 0E\ 01\ 0E\ 01H \end{cases}$$

$$\begin{cases} k = E0\ FE\ E0\ FE\ F1\ FE\ F1\ FEH \\ k' = FE\ E0\ FE\ E0\ FE\ F1\ FE\ F1\ H \end{cases}$$

2. 穷举攻击

DES 算法公开发表之后，引起了广泛的关注。对 DES 的安全性批评意见中，较为一致的看法是 DES 的密钥太短，有效密钥只有 56 bit，密钥空间仅为 $2^{56} \approx 10^{17}$，就目前计算机的计算速度而言，DES 算法不能抵抗穷举攻击。1998 年 7 月，电子前沿基金会 (Electronic Frontier Foundation，EFF) 使用一台造价 25 万美元的密钥搜索机器，在 56 小时内就成功破译了 DES。1999 年 1 月，电子前沿基金会用 22 小时 15 分钟就宣告破译了一个 DES 的密钥。

3. 密码分析法

除了穷举攻击以外，还可以通过差分密码分析 (Differential Cryptanalysis)、线性密码分析 (Linear Cryptanalysis)、相关密钥密码分析 (Related-Key Cryptanalysis) 等方法来攻击 DES。差分密码分析通过分析明文对的差值 (通过 "异或" 运算来定义 DES 算法的差分) 对密文对的差值的影响来恢复某些密钥位。线性密码分析通过线性近似值来描述 DES 操作结构，试图发现这些结构的一些弱点。相关密钥密码分析类似于差分密码分析，但它考查不同密钥间的差分。

4. 三重 DES 算法

如果使用双重 DES，通过使用两个密钥可以将有效密钥长度增加到 112 bit。但是双重 DES 算法不能抵抗中途相遇攻击 (Meet-in-the-middle Attack)。该攻击方法使用 "已知明文攻击"，通过一对已知的 "明文 - 密文" 对，使用仅比破解 DES 算法多一倍的时间，就可以破解双重 DES 算法。该方法首先使用每个可能的密钥加密已知明文并保存结果；然后使用每个可能的密钥解密已知密文，并将解密的结果与前面加密的结果比对，如果匹配，那么这两个密钥就都找到了。该方法对加密过程需要计算 2^{56} 个密钥，对解密过程也需要计算 2^{56} 个密钥，所有只有 2^{57} 个密钥，远远少于预期的 2^{112} 个密钥。

在众多的多重 DES 算法中，由 Tuchman 提出的三重 DES 算法是一种被广泛接受的改进方法，已经被用于密钥管理标准 ANS X9.17 和 ISO 8732 中。该改进方法的加密过程和解密过程如公式 (4-3) 所示。

$$C = DES_{k1}(DES_{k2}^{-1}(DES_{k1}(M)))$$
$$M = DES_{k1}^{-1}(DES_{k2}(DES_{k1}^{-1}(C))) \tag{4-3}$$

通过三重 DES，使用两个密钥将有效密钥长度增加到 112 bit，可以有效抵御穷举攻击。

4.3 高级加密标准

1997 年 4 月 15 日，NIST 发起了征集 AES 算法的活动，其目的是确定一个新的分组加密算法来代替 DES。2000 年 10 月 2 日，NIST 宣布 Rijndael 作为新的分组加密标准 AES。AES 的分组长度为 128 bit，密钥可以是 128 bit、192 bit、256 bit，输出的密文长度是 128 bit。

4.3.1 AES 算法整体结构

AES 加密使用了四个基本变换：字节代替 (Sub Bytes) 变换、行移位 (Shift Rows) 变换、列混合 (Mix Columns) 变换、轮密钥加 (Add RoundKey) 变换。AES 解密使用了这四个变换的逆操作，分别为逆字节代替 (InvSubBytes) 变换、逆行移位 (InvShiftRows) 变换、逆列混合 (InvMixColumns) 变换和轮密钥加变换。AES 就是利用上述四个基本变换经过 N 轮迭代而完成的。当密钥长度为 128 bit 时，轮数 N = 10；当密钥长度为 192 bit 时，轮数 N = 12；当密钥长度为 256 bit 时，轮数 N = 14。

AES 的加密过程如下：

(1) 给定一个明文分组 M，按照表 4-11 的方式将其放入状态矩阵。输入扩展密钥 w_0、w_1、w_2 和 w_3，对状态矩阵执行轮密钥加变换。

表 4-11　AES 明文分组矩阵

a_0	a_4	a_8	a_{12}
a_1	a_5	a_9	a_{13}
a_2	a_6	a_{10}	a_{14}
a_3	a_7	a_{11}	a_{15}

(2) 对状态执行第 1 轮到第 N − 1 轮迭代变换，每轮都包括了字节代替、行移位、列混合、轮密钥加四种变换。轮密钥加都会使用一个扩展密钥 w_{4N}、w_{4N+1}、w_{4N+2} 和 w_{4N+3}。

(3) 对状态执行最后一轮变换，只执行字节代替、行移位和轮密钥加三个变换，输出密文。轮密钥加也会使用扩展密钥 w_{4N}、w_{4N+1}、w_{4N+2} 和 w_{4N+3}。

AES 的解密是加密过程的逆过程，具体如下：

(1) 给定一个密文 C，按照表 4-11 的方式将其放入状态矩阵。输入扩展密钥 w_{4N}、w_{4N+1}、w_{4N+2} 和 w_{4N+3}，对状态矩阵执行轮密钥加变换。

(2) 对状态执行第 1 轮到第 N－1 轮迭代变换。每轮都包括了逆行移位、逆字节代替、轮密钥加、逆列混合四种变换。轮密钥加也会使用一个扩展密钥 w_{4N}、w_{4N+1}、w_{4N+2} 和 w_{4N+3}。

(3) 对状态执行最后一轮变换，只执行逆行移位、逆字节代替、轮密钥加三种变换，输出明文。轮密钥加也会使用扩展密钥 w_{4N}、w_{4N+1}、w_{4N+2} 和 w_{4N+3}。

图 4-6 描述了 AES 加密和解密的全过程。

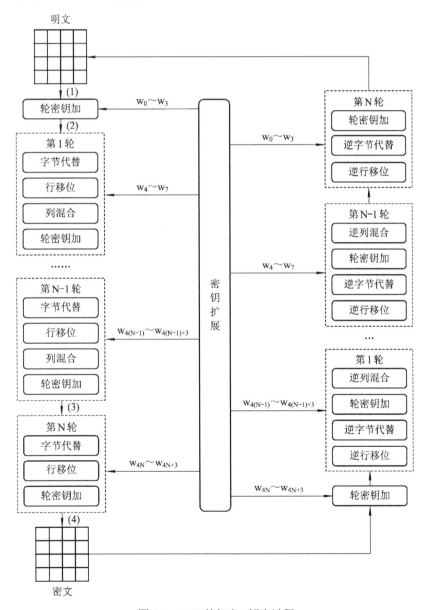

图 4-6　AES 的加密 / 解密过程

AES 算法最基本的运算单位是字节 (8 bit)。设明文分组 $M = b_0b_1\cdots b_{126}b_{127}(b_i \in \{0, 1\}$, $0 \leq i \leq 127)$，首先将其划分为 16 个字节，即 $M = a_0a_1\cdots a_{15}$，其中 $a_0 = b_0b_1\cdots b_7$，$a_1 = b_8b_9\cdots b_{15}$，$\cdots$，$a_{15} = b_{120}b_{121}\cdots b_{127}$，然后将 $a_0 \sim a_{15}$ 放入一个被称为状态 (State) 的 4×4 矩阵中，如表 4-11 所示。AES 的加密和解密都是在这种状态中进行的。同样，密钥也按照上述方法进行排列，其行数为 4 行，列数为 4 列 (128 bit 的密钥)、6 列 (192 bit 的密钥) 或 8 列 (256 bit 的密钥)。

从数学角度出发，可以将每个字节看作有限域 $GF(2^8)$ 上的一个元素，分别对应一个次数不超过 7 的多项式：$b_7x^7 + b_6x^6 + b_5x^5 + b_4x^4 + b_3x^3 + b_2x^2 + b_1x + b_0$，还可以表示为一个两位的十六进制数。例如，01101011B 可以表示为 $x^6 + x^5 + b_3x^3 + b_1x + b_0$ 或者 6BH。

4.3.2   AES 算法步骤

1. 轮密钥加变换

轮密钥加变换是由状态矩阵与扩展密钥矩阵的对应字节逐比特作"异或"运算。因为轮密钥加使用"异或"运算，所以其逆变换的运算方法相同。

【例 4-2】   给定状态矩阵和扩展密钥矩阵，计算轮密钥加变换的结果。

$$
\begin{pmatrix}
E6 & B1 & CA & B7 \\
1B & 5B & 12 & 7F \\
50 & FD & 7C & 7B \\
18 & 79 & 04 & 23
\end{pmatrix}
+
\begin{pmatrix}
10\,20\,30\,40 \\
04\,05\,06\,07 \\
00\,01\,02\,03 \\
00\,11\,04\,23
\end{pmatrix}
=
\begin{pmatrix}
F6 & 91 & FA & F7 \\
1F & 5E & 14 & 70 \\
50 & FA & 7E & 74 \\
18 & 68 & 00 & 00
\end{pmatrix}
$$

2. 字节代替变换与逆字节代替变换

字节代替是一个非线性变换，对状态矩阵中的每一个字节 a 进行公式 (4-4) 所示的运算，得到字节 b(如果 a = 0，则映射到自身，即 b = 0)。

$$b = M \cdot a^{-1} + v \tag{4-4}$$

其中，v 是固定向量，值为 63H，M 是可逆的固定矩阵。a^{-1} 是 a 模一个 8 次不可约多项式的乘法逆元，在 AES 算法中，这个 8 次不可约多项式为 $m(x) = x^8 + x^4 + x^3 + x + 1$。

$$
M =
\begin{bmatrix}
1 & 1 & 1 & 1 & 1 & 0 & 0 & 0 \\
0 & 1 & 1 & 1 & 1 & 1 & 0 & 0 \\
0 & 0 & 1 & 1 & 1 & 1 & 1 & 0 \\
0 & 0 & 0 & 1 & 1 & 1 & 1 & 1 \\
0 & 0 & 0 & 0 & 1 & 1 & 1 & 1 \\
1 & 0 & 0 & 0 & 0 & 1 & 1 & 1 \\
1 & 1 & 0 & 0 & 0 & 0 & 1 & 1 \\
1 & 1 & 1 & 0 & 0 & 0 & 0 & 1
\end{bmatrix}
,\quad
v =
\begin{bmatrix}
0 \\ 1 \\ 1 \\ 0 \\ 0 \\ 0 \\ 1 \\ 1
\end{bmatrix}
$$

【例 4-3】　通过欧几里得定理计算多项式 $f(x) = x^7 + x^5 + x^4 + x$ 模 $m(x)$ 的乘法逆元 $f^{-1}(x)$，并计算字节代替的结果。

$$x^8 + x^4 + x^3 + x + 1 \qquad\qquad = x \bullet (x^7 + x^5 + x^4 + x) + (x^6 + x^5 + x^4 + x^3 + x^2 + x + 1)$$

$$x^7 + x^5 + x^4 + x \qquad\qquad = (x + 1) \bullet (x^6 + x^5 + x^4 + x^3 + x^2 + x + 1) + (x^5 + x^4 + x + 1)$$

$$x^6 + x^5 + x^4 + x^3 + x^2 + x + 1 \quad = x \bullet (x^5 + x^4 + x + 1) + (x^4 + x^3 + 1)$$

$$x^5 + x^4 + x + 1 \qquad\qquad = x \bullet (x^4 + x^3 + 1) + 1$$

反过来：

$$1 = (x^5 + x^4 + x + 1) + x \bullet (x^4 + x^3 + 1)$$

$$= \underline{(x^5 + x^4 + x + 1)} + x \bullet [(x^6 + x^5 + x^4 + x^3 + x^2 + x + 1) + x(x^5 + x^4 + x + 1)]$$

$$= [\underline{(x^7 + x^5 + x^4 + x)} + (x + 1) \bullet \underline{(x^6 + x^5 + x^4 + x^3 + x^2 + x + 1)}] + x \bullet \{(x^6 + x^5 + x^4 + x^3 + x^2 + x + 1) + x \bullet [\underline{(x^7 + x^5 + x^4 + x)} + (x + 1) \bullet \underline{(x^6 + x^5 + x^4 + x^3 + x^2 + x + 1)}]\}$$

$$= [(x^7 + x^5 + x^4 + x) + (x + 1) \bullet <\underline{(x^8 + x^4 + x^3 + x + 1)} + x \bullet (x^7 + x^5 + x^4 + x)>] + x \bullet \{<(x^8 + x^4 + x^3 + x + 1) \underline{+ x} \bullet (x^7 + x^5 + x^4 + x)> + x \bullet [\underline{(x^7 + x^5 + x^4 + x)} + (x + 1) <(x^8 + x^4 + x^3 + x + 1) \underline{+ x} \bullet (x^7 + x^5 + x^4 + x)>]\}$$

$$= [f(x) + (x + 1) <g(x) + x \bullet f(x)>] + x\{<g(x) + x \bullet f(x)> + x \bullet [f(x) + (x + 1) <g(x) + x \bullet f(x)>]\}$$

$$= f(x) + (x + 1) \bullet g(x) + (x + 1) \bullet x \bullet f(x) + x \bullet \{g(x) + x \bullet f(x) + x \bullet f(x) + x \bullet (x + 1) \bullet g(x) + x \bullet (x + 1) \bullet x \bullet f(x)\}$$

$$= f(x) + (x + 1) \bullet g(x) + (x^2 + x) \bullet f(x) + x\{g(x) + x \bullet f(x) + x \bullet f(x) + (x^2 + x) \bullet g(x) + (x^3 + x^2) \bullet f(x)\}$$

$$= f(x) + (x + 1) \bullet g(x) + (x^2 + x) \bullet f(x) + \{x \bullet g(x) + x^2 \bullet f(x) + x^2 \bullet f(x) + (x^3 + x^2) \bullet g(x) + (x^4 + x^3) \bullet f(x)\}$$

$$= (1 + x^2 + x + x^2 + x^2 + x^4 + x^3) \bullet f(x) + (x + 1 + x + x^3 + x^2) \bullet g(x)$$

$$= (x^4 + x^3 + x^2 + x + 1) \bullet f(x) + (x^3 + x^2 + 1) \bullet g(x)$$

所以，多项式 $f(x) = x^7 + x^5 + x^4 + x$ 模 $m(x)$ 的乘法逆元为 $f^{-1}(x) = x^4 + x^3 + x^2 + x + 1$。

根据公式 (4-4)，计算 $a = f(x)$ 的字节代替结果为

$$b = \begin{bmatrix} b_7 \\ b_6 \\ b_5 \\ b_4 \\ b_3 \\ b_2 \\ b_1 \\ b_0 \end{bmatrix} = \begin{bmatrix} 1 & 1 & 1 & 1 & 1 & 0 & 0 & 0 \\ 0 & 1 & 1 & 1 & 1 & 1 & 0 & 0 \\ 0 & 0 & 1 & 1 & 1 & 1 & 1 & 0 \\ 0 & 0 & 0 & 1 & 1 & 1 & 1 & 1 \\ 1 & 0 & 0 & 0 & 1 & 1 & 1 & 1 \\ 1 & 1 & 0 & 0 & 0 & 1 & 1 & 1 \\ 1 & 1 & 1 & 0 & 0 & 0 & 1 & 1 \\ 1 & 1 & 1 & 1 & 0 & 0 & 0 & 1 \end{bmatrix} \otimes \begin{bmatrix} 0 \\ 0 \\ 0 \\ 1 \\ 1 \\ 1 \\ 1 \\ 1 \end{bmatrix} \oplus \begin{bmatrix} 0 \\ 1 \\ 1 \\ 0 \\ 0 \\ 0 \\ 1 \\ 1 \end{bmatrix} = \begin{bmatrix} 0 \\ 0 \\ 1 \\ 1 \\ 0 \\ 1 \\ 1 \\ 1 \end{bmatrix} = 37H$$

字节代替变换相当于 DES 算法中的 S 盒。如果将 1 个字节表示为十六进制 xy 的形式，则需要在 AES 的 S 盒中查找第 x 行、第 y 列交点处对应的字节代替变换的输出结果。AES 的 S 盒如表 4-12 所示，数据 0xB2 经过字节代替变换得到的结果为 0x37，与计算的结果相同。

表 4-12　AES 的 S 盒

x	y															
	0	1	2	3	4	5	6	7	8	9	A	B	C	D	E	F
0	6A	7C	77	7B	F2	6B	6F	C5	30	01	67	2B	FE	D7	AB	76
1	CA	82	C9	7D	FA	59	47	F0	AD	D4	A2	AF	9C	A4	72	C0
2	B7	FD	93	26	36	3F	F7	CC	34	A5	E5	F1	71	D8	31	15
3	04	C7	23	C3	18	96	05	9A	07	12	80	E2	EB	27	B2	75
4	09	83	2C	1A	1B	6E	5A	A0	52	3B	D6	B3	29	E3	2F	84
5	53	D1	00	ED	20	FC	B1	5B	6A	CB	BE	39	4A	4C	58	CF
6	D0	EF	AA	FB	43	4D	33	85	45	F9	02	7F	50	3C	9F	A8
7	51	A3	40	8F	92	9D	38	F5	BC	B6	DA	21	10	FF	F3	D2
8	CD	0C	13	EC	5F	97	44	17	C4	A7	7E	3D	64	5D	19	73
9	60	81	4F	DC	22	2A	90	88	46	EE	B8	14	DE	5E	0B	DB
A	E0	32	3A	0A	49	06	24	5C	C2	D3	AC	62	91	95	E4	79
B	E7	C8	37	6D	8D	D5	4E	A9	6C	56	F4	EA	65	7A	AE	08
C	BA	78	25	2E	1C	A6	B4	C6	E8	DD	74	1F	4B	BD	8B	8A
D	70	3E	B5	66	48	03	F6	0E	61	35	57	B9	86	C1	1D	9E
E	E1	F8	98	11	69	D9	8E	94	9B	1E	87	E9	CE	55	28	DF
F	8C	A1	89	0D	BF	E6	42	68	41	99	2D	0F	B0	54	BB	16

逆字节代替变换是字节代替变换的逆变换。首先对字节进行仿射变换的逆变换，然后对所得结果求在 GF(2^8) 上的乘法逆元。当然，也可以将该变换制作成表格进行查询。AES 的逆 S 盒如表 4-13 所示，在查询字节 xy 的逆字节代替变换时，仍然使用 x 确定行号，y 确定列号。例如，37H 经过逆字节代替变换将变为 B2H。

表 4-13　AES 的逆 S 盒

x	y															
	0	1	2	3	4	5	6	7	8	9	A	B	C	D	E	F
0	52	09	6A	D5	30	36	A5	38	BF	40	A3	9E	81	F3	D7	FB
1	7C	E3	39	82	9B	27	FF	87	34	8E	43	44	C4	DE	E9	CB
2	54	7B	94	32	A6	C2	23	3D	EE	4C	95	0B	42	FA	C3	4E
3	08	2E	A1	66	28	D9	24	B2	76	5B	A2	49	6D	8B	D1	25
4	72	F8	F6	64	86	68	98	16	D4	A4	5C	CC	5D	65	B6	92
5	6C	70	48	50	FD	ED	B9	DA	5E	15	46	57	A7	8D	9D	84
6	90	D8	AB	00	8C	BC	D3	0A	F7	E4	58	05	B8	B3	45	06
7	D0	2C	1E	8F	CA	3F	0F	02	C1	AF	BD	03	01	13	8A	6B
8	3A	91	11	41	4F	67	DC	EA	97	F2	CF	CE	F0	B4	E6	73
9	96	AC	74	22	E7	AD	35	85	E2	F9	37	EB	1C	75	DF	6E
A	47	F1	1A	71	1D	29	C5	89	6F	B7	62	0E	AA	18	BE	1B
B	FC	56	3E	48	C6	D2	79	20	9A	DB	C0	FE	78	CD	5A	F4
C	1F	DD	A8	33	88	07	C7	31	B1	12	10	59	27	80	EC	5F
D	60	51	7F	A9	19	B5	4A	0D	2D	E5	7A	9F	93	C9	9C	EF
E	A0	E0	3B	4D	AE	2A	F5	B0	C8	EB	BB	3C	83	53	99	61
F	17	2B	04	7E	BA	77	D6	26	E1	69	14	63	55	21	0C	7D

3. 行移位变换与逆行移位变换

行移位变换对一个状态的每一行进行循环左移，其中第一行保持不变，第二行循环左移 1 字节，第三行循环左移 2 字节，第四行循环左移 3 字节。逆行移位变换是行移位变换的逆变换，它对状态的每一行循环右移，其中第一行保持不变，第二行循环右移 1 字节，第三行循环右移 2 字节，第四行循环右移 3 字节。图 4-7 是行移位的举例说明。

输入					输出			
C9	E5	FD	2B		C9	E5	FD	2B
96	7A	F2	78	行移位	7A	F2	78	96
26	67	63	9C	⟹	63	9C	26	67
A7	82	E5	0F		0F	A7	82	E5

图 4-7　行移位举例

4. 列混合变换与逆列混合变换

列混合变换是一个线性变换，它混淆了状态矩阵的每一列。由于每个输入字节都影响了四个输出字节，因此列混合起到了扩散的作用。

列混合变换可以写成矩阵乘法的形式，如公式 (4-5) 所示。

$$\begin{pmatrix} d_{00} & d_{01} & d_{02} & d_{03} \\ d_{10} & d_{11} & d_{12} & d_{13} \\ d_{20} & d_{21} & d_{22} & d_{23} \\ d_{30} & d_{31} & d_{32} & d_{33} \end{pmatrix} = \begin{pmatrix} 02\,03\,01\,01 \\ 01\,02\,03\,01 \\ 01\,01\,02\,03 \\ 03\,01\,01\,02 \end{pmatrix} \begin{pmatrix} a_{00} & a_{01} & a_{02} & a_{03} \\ a_{10} & a_{11} & a_{12} & a_{13} \\ a_{20} & a_{21} & a_{22} & a_{23} \\ a_{30} & a_{31} & a_{32} & a_{33} \end{pmatrix} \tag{4-5}$$

逆列混合变换是列混合变换的逆，也可以写成矩阵乘法形式，如公式 (4-6) 所示，即

$$\begin{pmatrix} d_{00} & d_{01} & d_{02} & d_{03} \\ d_{10} & d_{11} & d_{12} & d_{13} \\ d_{20} & d_{21} & d_{22} & d_{23} \\ d_{30} & d_{31} & d_{32} & d_{33} \end{pmatrix} = \begin{pmatrix} 0E\,0B\,0D\,09 \\ 09\,0E\,0B\,0D \\ 0D\,09\,0E\,0B \\ 0B\,0D\,09\,0E \end{pmatrix} \begin{pmatrix} a_{00} & a_{01} & a_{02} & a_{03} \\ a_{10} & a_{11} & a_{12} & a_{13} \\ a_{20} & a_{21} & a_{22} & a_{23} \\ a_{30} & a_{31} & a_{32} & a_{33} \end{pmatrix} \tag{4-6}$$

【例 4-4】　状态中的 1 列为 E6H、1BH、50H、18H，计算列混合运算后的结果。

$$\begin{pmatrix} d_0 \\ d_1 \\ d_2 \\ d_3 \end{pmatrix} = \begin{pmatrix} 02\,03\,01\,01 \\ 01\,02\,03\,01 \\ 01\,01\,02\,03 \\ 03\,01\,01\,02 \end{pmatrix} \begin{pmatrix} E6 \\ 1B \\ 50 \\ 18 \end{pmatrix} = \begin{pmatrix} B2 \\ 38 \\ 75 \\ 4A \end{pmatrix}$$

其中：

$$d_0 = 02H \cdot E6H + 03H \cdot 1BH + 01H \cdot 50H + 01H \cdot 18H = B2H$$
$$02H \cdot E6H = x \cdot (x^7 + x^6 + x^5 + x^2 + x)$$
$$= x^8 + x^7 + x^6 + x^3 + x^2$$
$$= (x^4 + x^3 + x + 1) + x^7 + x^6 + x^3 + x^2$$
$$= x^7 + x^6 + x^4 + x^2 + x + 1$$

$$03H \cdot 1HB = x^5 + x^3 + x^2 + 1$$
$$01H \cdot 50H = x^6 + x^4$$
$$01H \cdot 18H = x^4 + x^3$$

所以，

$$d_0 = x^7 + x^5 + x^4 + x = B2H$$

同理：

$$d_1 = 01H \cdot E6H + 02H \cdot 1BH + 03H \cdot 50H + 01H \cdot 18H = 38H$$
$$d_2 = 01H \cdot E6H + 01H \cdot 1BH + 02H \cdot 50H + 03H \cdot 18H = 75H$$
$$d_3 = 03H \cdot E6H + 01H \cdot 1BH + 01H \cdot 50H + 02H \cdot 18H = 4AH$$

4.3.3 AES 算法的密钥扩展

密钥扩展算法将原初始密钥（长度 128 bit、192 bit、256 bit）作为输入，输出 AES 的扩展密钥。对于长度为 128 bit 的密钥，它对应的轮数 N = 10，需要 11 个扩展密钥；对于长度为 192 bit 的密钥，它对应的轮数 N = 12，需要 13 个扩展密钥；对于长度为 256 bit 的密钥，它对应的轮数 N = 14，需要 15 个扩展密钥。AES 扩展密钥的生成过程如图 4-8 所示。

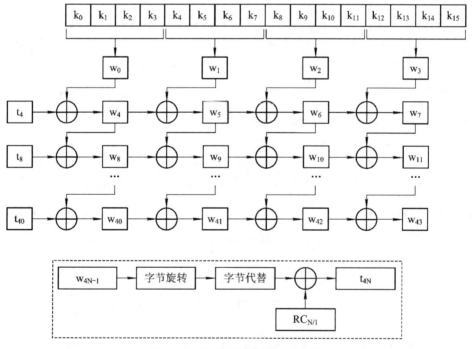

图 4-8　AES 扩展密钥的生成过程

1）获取第 1 个扩展密钥

给定一个初始密钥 k（以 128 bit 密钥为例），将其放入表 4-14 的状态矩阵，可以直接得到第 1 个扩展密钥中的 4 个子密钥 w_0、w_1、w_2、w_3。

表 4-14　128 bit AES 密钥状态矩阵

k_0	k_4	k_8	k_{12}
k_1	k_5	k_9	k_{13}
k_2	k_6	k_{10}	k_{14}
k_3	k_7	k_{11}	k_{15}

2) 获取第 2～11 个扩展密钥中的第 1 个子密钥

对于第 2～11 个扩展密钥，每个扩展密钥的第 1 个子密钥可以通过公式 (4-7) 计算得到。

$$w_{4N} = w_{4(N-1)} \oplus t_{4N}, N = 1, 2, \cdots, 10 \tag{4-7}$$

其中，$t_{4N} = \text{SubBytes}(\text{RotBytes}(w_{4N-1})) \oplus \text{RC}_{N/1}$。

(1) RotBytes(w_{4N-1}) 为字节旋转，将 w_{4N-1} 的 4 个字节循环左移 1 字节。

(2) SubBytes( ) 为字节代替，与 AES 加密算法中的字节代替相同。

(3) $\text{RC}_{N/1}$ 为轮常数，如表 4-15 所示。

表 4-15　轮常数表 (十六进制)

轮数 N	1	2	3	4	5
常数 $\text{RC}_{N/1}$	01000000	02000000	04000000	08000000	10000000
轮数 N	6	7	8	9	10
常数 $\text{RC}_{N/1}$	20000000	40000000	80000000	1B000000	36000000

3) 获取第 2～11 个扩展密钥中的第 2～4 个子密钥

第 2～11 个扩展密钥，每个扩展密钥的第 2～4 个子密钥可以通过公式 (4-8) 计算得到。

$$w_{4N+j} = w_{4N+j-1} \oplus w_{4(N-1)+j}, j = 1,2,3 \tag{4-8}$$

4.3.4　AES 的安全分析

在 AES 算法中，每轮加密常数的不同可以消除可能产生的轮密钥的对称性。轮密钥生成算法的非线性特性消除了产生相同轮密钥的可能性。加密 / 解密过程中使用不同的变换可以避免出现类似 DES 算法中弱密钥和半弱密钥的可能。

目前的 AES 算法能够有效抵御已知的针对 DES 算法的所有攻击方法，如差分攻击、线性攻击等。但还是出现了一些攻击方法能够破解轮数较少的 AES，这些攻击方法是差分分析法和线性分析法的变体。其中，不可能差分 (Impossible Differential) 攻击法已经成功破解了 6 轮的 AES-128；平方 (Square) 攻击法已经成功破解了 7 轮的 AES-128 和 AES-192；冲突 (Collision) 攻击法也已经成功破解了 7 轮的 AES-128 和 AES-192。所有这些攻击方法对于全部 10 轮的 AES-128 破解都失败了，但是这表明 AES 算法可能存在有待发现的弱点。

如果将 AES 用于智能卡等硬件装置，通过观察硬件的性能特征可以发现一些加密操作的信息，这种攻击方法叫作旁路攻击 (Side-Channel Attack)。例如，当处理密钥为 "1"

的比特位时，需要消耗更多的能量，通过监控能量的消耗，可以知道密钥的每个位。还有一种攻击是监控完成一个算法所消耗的时间的微秒数，所消耗时间数也可以反映部分密钥位。

4.4 分组加密工作模式

分组加密算法将消息分成固定长度的分组，再对每个分组进行加密和解密操作，例如消息 m 被分为 t 个等长的分组，经过加密后得到密文 c，即消息为 $m = m_1 \parallel m_2 \parallel m_3 \parallel \cdots \parallel m_t$，密文为 $c = c_1 \parallel c_2 \parallel c_3 \parallel \cdots \parallel c_t$，其中 m_i 和 $c_i(1 \leqslant i \leqslant t)$ 都是长度为 s bit 的分组。利用基本的分组加密算法处理长消息的工作方式，称为分组加密工作模式。

分组加密工作模式主要有电码本模式、密码分组链接模式、密码反馈模式、输出反馈模式、计数器模式。

4.4.1 电码本模式

电码本模式(Electronic Code Book，ECB)，是分组密码最基本的工作模式。在这种模式下，将需要加密的消息按照加密算法的分组大小分为数个分组，并对每个分组进行独立加密形成密文分组，然后将所有密文分组连接起来得到密文，如图 4-9 所示。

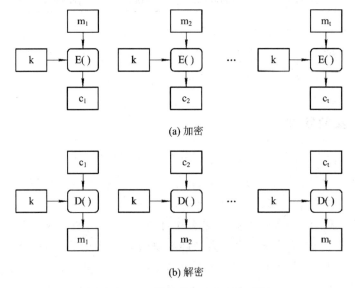

(a) 加密

(b) 解密

图 4-9   ECB 模式的加密与解密过程

从图 4-9 可以看出，ECB 模式的加密如公式 (4-9) 所示，解密如公式 (4-10) 所示。

$$c_i = E_k(m_i), \quad 1 \leqslant i \leqslant t \tag{4-9}$$

$$m_i = D_k(c_i), \quad 1 \leqslant i \leqslant t \tag{4-10}$$

ECB 模式是最简单的分组加密工作模式，每个明文分组或密文分组的错误只影响其对应的密文分组或明文分组，而不会传递给其他密文分组或明文分组。另外，采用 ECB 模式时，不同的明文分组或密文分组的加密或解密可以并行处理，在硬件或软件运算时速度很快。

ECB 模式的缺点是不能隐藏明文的模式，例如一条银行账户消息，第 1 个明文分组存储了账户名称，第 2～3 个明文分组保存了账户口令，第 4 个明文分组保存了账户金额，采用 ECB 模式加密该消息后，即使消息是密文形式的，无法识别，但是攻击者依然知道每个分组中保存了账户消息的哪个部分。因此，ECB 模式无法抵抗攻击者的主动攻击 (例如截获数据后，替换某些分组并重新发送给接收者)，安全性较差。ECB 模式可以用于处理短消息，例如加密密钥时可以使用 ECB 模式。

4.4.2　密码分组链接模式

在密码分组链接模式 (Cipher-Block Chaining，CBC) 下，密文分组像链条一样连接在一起。在 CBC 模式中，每个明文分组先与前一个密文分组进行"异或"运算后，再进行加密。由于第 1 个明文分组之前没有前一个密文分组，所以需要选择一个初始向量 (Initialization Vector，IV)，这个初始向量相当于 c_0，第 1 个明文分组与 IV "异或"运算后再进行加密得到密文分组 c_1，如图 4-10 所示。

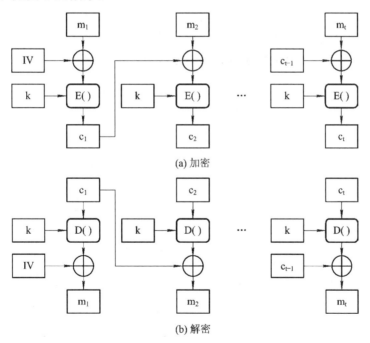

图 4-10　CBC 模式的加密与解密过程

选择的初始向量不同，得到的密文也不相同。第 1 个密文分组的值取决于初始向量和第 1 个明文分组，第 2 个密文分组的值取决于初始向量和第 1 个、第 2 个明文分组，以此类推，最后一个密文分组的值取决于初始向量和所有明文分组。CBC 模式的加密如公式

(4-11) 所示，解密如公式 (4-12) 所示。

$$c_i = E_k(m_i \oplus c_{i-1}), \quad 1 \leqslant i \leqslant t \quad \text{其中} c_0 = IV \tag{4-11}$$

$$m_i = D_k(c_i \oplus c_{i-1}), \quad 1 \leqslant i \leqslant t \quad \text{其中} c_0 = IV \tag{4-12}$$

由于 CBC 模式的每个密文分组不只依赖于其对应的一个明文分组，而是依赖于其前面所有明文分组和初始向量，所以密文隐藏了明文的模式，使攻击者无法利用明文的模式来攻击密文。另外，通过选择不同的初始向量，可以使重复的明文产生不同的密文，而无须重新产生密钥。CBC 模式是最常用的分组加密工作模式，其安全性高于 ECB，适合传输长报文，是 SSL、IPSec 等协议的标准分组加密工作模式。

在 CBC 模式中，初始向量对于发送方和接收方来说都应该是已知的，为了安全，初始向量应该像密钥一样安全传输和存储。

使用 CBC 模式，如果明文分组中出现错误，那么错误会传递给当前密文分组以及后面所有密文分组。如果某个密文分组发生错误，那么错误会影响当前解密的明文分组以及下一个解密的明文分组，而不会影响其他解密的明文分组，即错误的传播是有限的。

CBC 模式的加密过程是不能并行运算的，但是解密过程可以并行运算。

4.4.3 密码反馈模式

在密码反馈模式 (Cipher Feedback，CFB) 下，前一个密文分组会被送回到密码算法的输入端。在 CFB 模式中，如果明文分组的大小为 s bit，那么首先选择一个 n bit(n＞s) 的初始向量 $IV = V_1$，然后利用密钥 k 加密该向量得到 n bit 序列。取该序列中高位的 s bit 与明文分组进行"异或"运算，得到 s bit 的密文分组。在加密第 2 个明文分组时，首先将初始向量左移 s bit，然后将上一轮加密生成的 s bit 的密文分组附加到其后形成新一轮向量，后续加密过程与第 1 个明文分组的加密过程相同。用同样的方法完成全部 t 个明文分组的加密。采用 CFB 模式进行加密和解密的过程如图 4-11 所示，需要说明的是，CFB 模式的加密和解密过程都使用了分组加密算法，本质上是将分组加密算法作为一个密钥流生成器来使用。

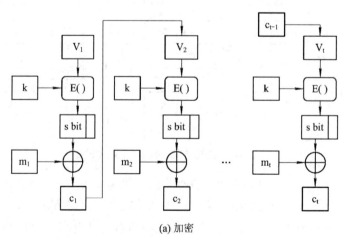

(a) 加密

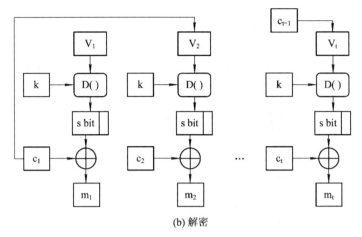

(b) 解密

图 4-11　CFB 模式的加密与解密过程

与 CBC 模式类似，在 CFB 模式中，如果选择的初始向量不同，那么得到的密文也不相同。CFB 模式的加密如公式 (4-13) 所示，解密如公式 (4-14) 所示。

$$\begin{cases} c_1 = m_1 \oplus MSB^s(E_k(V_1)) \\ c_i = m_i \oplus MSB^s(E_k(LSB^{n-s}(V_{i-1}) \parallel c_{i-1})),\ 2 \leqslant i \leqslant t \end{cases} \tag{4-13}$$

其中，$MSB^s()$ 表示取参数高位 s 字节；$LSB^s()$ 表示取参数低位 s 字节。

$$\begin{cases} m_1 = c_1 \oplus MSB^s(D_k(V_1)) \\ m_i = c_i \oplus MSB^s(D_k(LSB^{n-s}(V_{i-1}) \parallel c_{i-1})),\ 2 \leqslant i \leqslant t \end{cases} \tag{4-14}$$

与 CBC 模式类似，通过 CFB 模式生成的密文隐藏了明文的模式。

CFB 模式的另一个特点是，明文分组的长度 s 可以由用户来确定，该模式适用于不同的消息格式要求。

在 CFB 模式中，加密运算不需要明文，所以在明文未知的情况下可以提前加密向量，等明文已知时可以直接通过"异或"运算处理明文分组，从而大大提高了系统的运算效率。也就是说，在 CFB 模式中，可以利用预处理的方式来提高整个系统的加密效率。

如果某个明文分组发生错误，那么由它生成的密文分组会发生错误，是否影响后续密文分组取决于向量的长度和密文分组长度的关系。如果某个密文分组发生错误，那么解密的当前明文分组会发生错误，是否影响后续密文分组同样取决于向量的长度和密文分组长度的关系。

CFB 模式的加密过程是不能并行运算的，但是解密过程可以并行运算。

4.4.4　输出反馈模式

在输出反馈模式 (Output Feedback，OFB) 下，密码算法的输出会反馈到密码算法的输入端。与 CFB 模式比较，不同的是 OFB 模式作为反馈的不是密文分组，而是加密函数的输出，其加密与解密过程如图 4-12 所示。

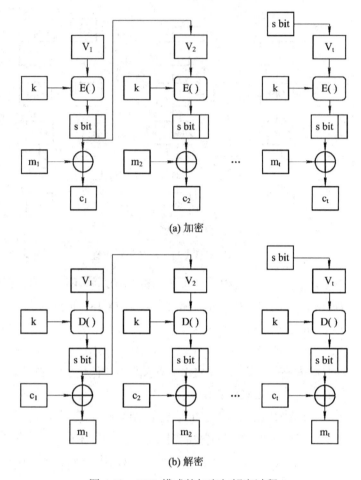

(a) 加密

(b) 解密

图 4-12　OFB 模式的加密与解密过程

OFB 模式的加密如公式 (4-15) 所示，解密如公式 (4-16) 所示。

$$\begin{cases} c_1 = m_1 \oplus \mathrm{MSB}^s(E_k(V_1)) \\ c_i = m_i \oplus \mathrm{MSB}^s(E_k(\mathrm{LSB}^{n-s}(V_{i-1}) \| \mathrm{OUT}(V_{i-1}))), \ 2 \leqslant i \leqslant t \end{cases} \quad (4\text{-}15)$$

其中，$\mathrm{OUT}(V_{i-1}) = \mathrm{MSB}^s(E_k(V_{i-1}))$。

$$\begin{cases} m_1 = c_1 \oplus \mathrm{MSB}^s(D_k(V_1)) \\ m_i = c_i \oplus \mathrm{MSB}^s(D_k(\mathrm{LSB}^{n-s}(V_{i-1}) \| \mathrm{OUT}(V_{i-1}))), \ 2 \leqslant i \leqslant t \end{cases} \quad (4\text{-}16)$$

其中，$\mathrm{OUT}(V_{i-1}) = \mathrm{MSB}^s(D_k(V_{i-1}))$。

与 CBC 和 CFB 模式类似，通过 OFB 模式生成的密文可以隐藏明文的模式。另外，通过改变初始向量可以使相同的名称加密生成不同的密文。

与 CFB 模式类似，OFB 模式允许用户确定明文分组 s 的大小，具有更好的灵活性。另外，OFB 也支持预处理，从而可以提高系统整体加密效率。

与 CFB 模式不同的是，在 OFB 模式中，无论是加密过程还是解密过程，明文分组或密文分组的错误只影响当前分组加密或解密得到的密文分组和明文分组，不会影响其他分组，即错误不会传递。

在并行运算方面，OFB 模式的加密过程和解密过程都不能并行运算。

4.4.5　计数器模式

在计数器模式 (Counter Mode，CTR) 下，通过加密逐次累加的计数器来产生密钥流，并加密明文分组。在 CTR 模式中，首先选择 t 个 s bit 的向量 CTR_1, CTR_2, …, CTR_t，它们被称为计数器。然后利用密钥 k 加密这些向量，将得到的序列看作密钥流序列，分别与明文分组进行"异或"运算，完成对明文分组的加密。CTR 模式的加密和解密过程如图 4-13 所示。

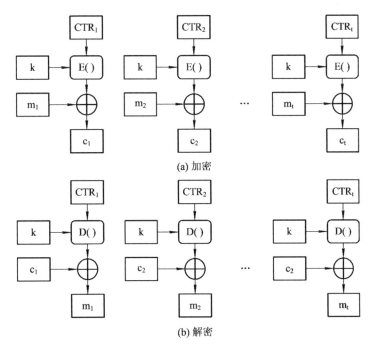

(a) 加密

(b) 解密

图 4-13　CTR 模式的加密与解密过程

CTR 模式的加密如公式 (4-17) 所示，解密如公式 (4-18) 所示。

$$c_i = m_i \oplus E_k(CTR_i), \quad 1 \leqslant i \leqslant t \tag{4-17}$$

$$m_i = c_i \oplus D_k(CTR_i), \quad 1 \leqslant i \leqslant t \tag{4-18}$$

在 CTR 模式中，计数器应该互不相同，这样可以保证相同的明文分组产生不同的密文输出，从而隐藏明文的模式。一种简单的产生计数器的方法是首先选择 CTR_1，然后利用公式 (4-19) 计算其他计数器。

$$CTR_{i-1} = CTR_1 + 1, \quad 2 \leqslant i \leqslant t \tag{4-19}$$

CTR 模式也具有预处理功能，可以提高系统加密效率。由于 CTR 模式没有反馈，其加密和解密过程都可以并行运算。

习   题

1. 填空题

(1) DES 算法的分组大小为 (   ) bit，密钥长度为 (   ) bit，密钥有效位数为 (   ) bit，迭代加密使用的子密钥长度为 (   ) bit。

(2) 二进制数据 $(110110)_2$ 输入 S_1 盒，输出结果是 (   )；输入 S_2 盒，输出结果是 (   )。

(3) DES 算法的弱密钥是 (   )、(   )、(   ) 和 (   )。

(4) 3DES 算法的加密函数为 (   )，解密函数为 (   )。

(5) AES 算法的分组大小为 (   ) bit，如果初始密钥为 128 bit，则加密使用的扩展密钥是 (   ) 个；如果初始密钥 192 bit，则加密使用的扩展密钥是 (   ) 个；如果初始密钥 256 bit，则加密使用的扩展密钥是 (   ) 个。

(6) AES 算法加密过程中，一轮完整运算包含的基本运算按顺序分别是 (   )、(   )、(   )、(   )；解密过程中，一轮完整的运算包含的基本运算按顺序是 (   )、(   )、(   )、(   )。

(7) 在分组加密工作模式中，明文分组使用加密算法进行处理的工作模式是 (   ) 和 (   )；明文分组使用"异或"运算进行处理的是 (   )、(   ) 和 (   ) 模式。明文分组未知状态下可以进行预处理提高加密效率的工作模式是 (   )、(   ) 和 (   ) 模式；没有预处理机制的工作模式是 (   ) 和 (   )。

2. 简答题

(1) 简述乘积密码的基本结构。

(2) 简述香浓提出的扩散性与模糊性在加密算法中的作用。

(3) 简要分析，在 DES 算法中，哪一部分起到扩散作用，哪一部分起到模糊作用。

(4) 简要说明 DES 算法中弱密钥的原理，并列举出有哪些弱密钥。

(5) 简要说明为什么双重 DES 算法的密钥空间是 2^{57}，而不是 2^{112}。

(6) 简要分析，在 AES 算法中，哪一部分起到扩散作用，哪一部分起到模糊作用。

3. 问答题

(1) 如果 DES 算法的初始密钥为 F0 C3 99 A5 5A 66 3C 0FH，请计算前两轮的子密钥。

(2) 在 DES 算法中，如果明文分组为 0F 3C 66 5A A5 99 C3 F0H，计算经过初始换位后的结果，并计算该结果经逆初始换位后的结果。

(3) 在 DES 算法中，如果某一轮 (不是第 16 轮) 的左值 L_{i-1} = CC AA 17 71H，右值 R_{i-1} = F0 97 2B 4DH，计算经过一轮运算后新的左值 L_i 和右值 R_i。计算时使用的子密钥 k_i = E4 D9 1C 3F 4D C4H。

(4) 分别计算多项式 x^{12}、x^{13}、x^{14} 模 m(x) 的结果。

(5) 如果 AES 算法的一个明文分组为 a = 0F 3C 66 5A A5 99 C3 F0 0F 3C 66 5A A5 99 C3 F0H，第 1 个扩展密钥 w_1 = F0 C3 99 A5 5A 66 3C 0F F0 C3 99 A5 5A 66 3C 0FH，请计

算轮密钥加的结果。

(6) 在 AES 算法中，计算 12H 字节代替的结果，并通过 AES 的 S 盒进行查表核对。

(7) 如果 AES 算法的状态值为 a = 0F 3C 66 5A A5 99 C3 F0 0F 3C 66 5A A5 99 C3 F0H，请计算行移位的结果。

(8) 如果 AES 算法的状态值为 a = 42 42 42 42 00 00 00 00 01 02 03 04 00 00 00 00H，请计算列混合的结果。

(9) ASE 算法的初始密钥为 k = F0 C3 99 A5 5A 66 3C 0F F0 C3 99 A5 5A 66 3C 0FH，请计算前两个扩展密钥。

(10) 在解密过程中，如果某个密文分组发生错误，那么在不同的分组加密工作模式中，请分析受影响的明文分组的情况。

第5章 散 列 算 法

学习目标

(1) 了解散列函数的基本结构。
(2) 掌握散列算法的分组填充方式。
(3) 掌握 MD5 算法的结构。
(4) 掌握 SHA-1 算法的结构。
(5) 了解散列算法的主要应用领域。

散列算法 [也称为散列函数、杂凑函数、哈希函数、Hash ( )] 能够对不同长度的输入消息产生固定长度的输出。这个固定长度的输出散列值被称为原输入消息的消息摘要，也被称为原消息的数字指纹。对于一个安全的散列算法，这个消息摘要通常可以直接作为消息的认证标签。

散列算法主要应用于数字签名与验证、消息鉴别、安全口令存储等领域。

5.1　散列函数的结构

1979 年，RalphMerkle 基于数据压缩函数 f( ) 建立了一个散列函数的通用模式，即加强式迭代模式 (Merkle-Damgard，MD)，目前常用的散列算法都使用 MD 模式。压缩函数 f( ) 接收两个输入参数，n bit 长度的压缩值 CV 和 b bit 长度的数据值 m，输出为 n bit 长度的散列值。其中，数据值由消息块组成，对所有消息块进行迭代处理，其结构如图 5-1 所示。

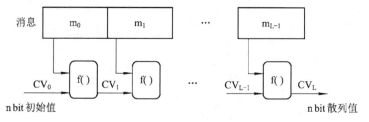

图 5-1　迭代散列模式

MD5 算法的整体结构

算法中重复使用压缩函数 f( )，它的输入有两项：一项是上一轮 (第 q - 1 轮) 输出的 n bit 值 CV_{q-1}，称为链接变量 (Chaining Variable)；另一项是算法在本轮 (第 q 轮) 要输入的 b bit 数据分组 m_{q-1}。函数 f( ) 的输出是 n bit 值 CV_q，CV_q 又将作为下一轮的输入。算法开始时需要对链接变量指定一个 n bit 的初始值 IV(即 $IV = CV_0$)，最后一轮输出的链接变量 CV_L 就是最终产生的散列值，如公式 (5-1) 所示，其中 L 表示数据分组个数，M 表示原始消息。通常有 b>n，所以函数 f( ) 被称为压缩函数。

$$CV_0 = IV$$
$$CV_q = f(CV_{q-1}, m_{q-1}), \quad 1 \leqslant q \leqslant L \tag{5-1}$$
$$Hash(M) = CV_L$$

5.2 MD5 散列算法

1990 年 10 月，Ron Rivest 设计了消息摘要算法，被称为 MD4 散列算法。散列算法的这种构造方法因其运算速度快、非常实用等特点得到了广泛关注，但是后来发现 MD4 算法存在安全性缺陷，于是 Ron Rivest 对 MD4 散列算法进行了改进，并于 1992 年 4 月提出了 MD5 散列算法。

5.2.1 MD5 散列算法初始化

MD5 散列算法的输入为任意长度的消息，对消息以 512 bit 长度为单位进行分组，对所有分组进行迭代式处理，最终输出 128 bit 的散列值。

1. 消息分组填充

对原始消息进行填充，填充之后的消息比特长度 L_m 与 448 同模 512(即 $L_m \equiv 448 \bmod 512$)，也就是说，填充后的消息比特长度比 512 的整数倍少 64 比特。

需要注意的是，即使原始消息长度已经达到要求 (原始消息比特长度与 448 同模 512)，也要进行填充。填充的比特位数大于等于 1 bit，小于等于 512 bit。填充模式是第 1 位为 1，后面跟足够多的 0。如果填充 1 bit，那么就填充 "1"，如果填充 6 bit，那么就填充 "100000"。

【例 5-1】 不同长度原始消息的填充结果。

(1) 原始消息是 448 bit，则填充 512 bit，使消息长度为 960 bit，也就是 512 bit 加上 448 bit。

(2) 原始消息是 500 bit，则填充 460 bit，使消息长度为 960 bit，即 512 bit 加上 448 bit。

(3) 原始消息是 512 bit，则填充 448 bit，使消息长度为 960 bit，即 512 bit 加上 448 bit。

将原始消息的长度用 64 bit 数据表示，并添加到最后一个分组 (448 bit 的分组) 的末尾，使该分组的长度达到 512 bit。如果原始消息为 704 bit，其二进制值为 1011000000，则将这个数字写为 64 bit(前面添加 54 个 0)，并把它添加到最后一个分组的末尾，使得该分组的大小也是 512 bit。如果原始消息的长度大于 2^{64} bit，则以 2^{64} 为模数取模。

2. 初始化 MD 缓冲区

MD5 散列算法的中间结果和最终结果保存在 128 bit 的缓冲区中，缓冲区使用 4 个

32 bit 的寄存器 (用 A、B、C、D) 表示，这些寄存器的初始值为：

$\quad$ A = 67452301H；

$\quad$ B = efcdab89H；

$\quad$ C = 98badcfeH；

$\quad$ D = 10325476H。

压缩函数整体结构

5.2.2　MD5 散列算法的压缩函数

散列算法的核心是压缩函数。MD5 散列算法压缩函数处理 512 bit 数据分组，每个数据分组被分为 16 个子分组，每个子分组为 4 字节 (MD5 算法的字长为 32 bit，所以每个子分组恰好为 1 个字，每个数据分组包含 16 个字)。MD5 的压缩函数由 4 轮运算组成，每轮16 步，每步处理 1 个子分组 (1 个字)，如图 5-2 所示。每轮的结构相同，但是各轮使用的逻辑函数不同，分别为 F( )、G( )、H( )、I( )。

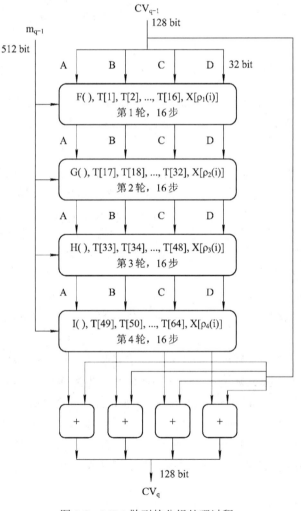

图 5-2　MD5 散列的分组处理过程

每轮的输入为当前要处理的消息分组 m_{q-1} 和缓冲区的当前值 A、B、C、D，输出仍放在缓冲区中以产生新的 A、B、C、D。

MD5 算法的处理过程如公式 (5-2) 所示。

$$CV_0 = IV$$
$$CV_q = SUM_{32}(CV_{q-1}, I(m_{q-1}, H(m_{q-1}, G(m_{q-1}, F(m_{q-1}, CV_{q-1}))))), \quad 1 \leq q \leq L \quad (5-2)$$
$$MD5(M) = CV_L$$

其中，IV 表示缓冲区 A、B、C、D 的初值；m_{q-1} 表示消息的第 q - 1 个 512 bit 分组；L 表示消息分组的个数；CV_{q-1} 表示处理消息的第 q - 1 个分组时所使用的链接变量；F( )、G( )、H( )、I( ) 表示 4 轮运算分别使用的基本逻辑函数；SUM_{32} 表示对应字执行模 2^{32} 的加法运算，第 4 轮的输出与第 1 轮的输入 CV_{q-1} 相加（模 2^{32}）得到 CV_q；M 表示原始消息；MD5( ) 表示 MD5 算法；CV_L 表示最终输出的散列值。

1. 基本逻辑函数

4 轮运算的每一轮使用一个逻辑函数，依次分别是 F( )、G( )、H( )、I( ) 函数。每个逻辑函数的输入是 3 个 32 bit 的字，输出是一个 32 bit 的字，其中的运算为逐比特的逻辑运算。函数的定义如表 5-1 所示，其中 ∧、∨、ˉ、⊕ 分别表示逻辑"与"、逻辑"或"、逻辑"非"、逻辑"异或"。

基本逻辑函数

表 5-1　MD5 散列算法基本逻辑函数的定义

轮数	基本逻辑函数 g( )	函数值
1	F(B, C, D)	$(B \wedge C) \vee (\bar{B} \wedge D)$
2	G(B, C, D)	$(B \wedge D) \vee (C \wedge \bar{D})$
3	H(B, C, D)	$B \oplus C \oplus D$
4	I(B, C, D)	$C \oplus (B \vee \bar{D})$

【例 5-2】 如果链接变量 B = AA55AA55H，C = CCFFCCFFH，D = 99669966H，请计算压缩函数第 2 轮逻辑函数 G( ) 的函数值。

　　　　G (B, C, D)

　　= (B ∧ D) ∨ (C ∧ $\bar{D}$)

　　= (AA55AA55H ∧ 99669966H) ∨ (CCFFCCFFH ∧ 66996699H)

　　= 88448844H ∨ 44994499H

　　= CCDDCCDDCH

2. 常量

压缩函数每步运算需要一个常量，总共需要 64 个常量，这些常量保存在表 5-2 所示的 T 表中。T 表是通过正弦函数构造的，第 1 轮的 16 步使用 T[1]、T[2]、…、T[16]，第 2 轮的 16 步使用 T[17]、T[18]、…、T[32]，第 3 轮的 16 步使用 T[33]、T[34]、…、

T[48]，第 4 轮的 16 步使用 T[49]、T[50]、…、T[64]。

表 5-2　从正弦函数构造的 T 表

第 1 轮使用的常量	第 2 轮使用的常量	第 3 轮使用的常量	第 4 轮使用的常量
T[1] = D76AA478	T[17] = F61E2562	T[33] = FFFA3942	T[49] = F4292244
T[2] = E8C7B756	T[18] = C040B340	T[34] = 8771F681	T[50] = 432AFF97
T[3] = 242070DB	T[19] = 265E5A51	T[35] = 699D6122	T[51] = AB9423A7
T[4] = C1BDCEEE	T[20] = E9B6C7AA	T[36] = FDE5380C	T[52] = FC93A039
T[5] = F57C0FAF	T[21] = D62F105D	T[37] = A4BEEA44	T[53] = 655B59C3
T[6] = 4787C62A	T[22] = 02441453	T[38] = 4BDECFA9	T[54] = 8F0CCC92
T[7] = A8304613	T[23] = D8A1E681	T[39] = F6BB4B60	T[55] = FFEFF47D
T[8] = FD469501	T[24] = E7D3FBC8	T[40] = BEBFBC70	T[56] = 85845DD1
T[9] = 698098D8	T[25] = 21E1CDE6	T[41] = 289B7EC6	T[57] = 6FA87E4F
T[10] = 8B44F7AF	T[26] = C33707D6	T[42] = EAA127FA	T[58] = FE2CE6E0
T[11] = FFFF5BB1	T[27] = F4D50D87	T[43] = D4EF3085	T[59] = A3014314
T[12] = 895CD7BE	T[28] = 455A14ED	T[44] = 04881D05	T[60] = 4E0811A1
T[13] = 6B901122	T[29] = A9E3E905	T[45] = D9D4D039	T[61] = F7537E82
T[14] = FD987193	T[30] = FCEFA3F8	T[46] = E6DB99E5	T[62] = BD3AF235
T[15] = A679438E	T[31] = 676F02D9	T[47] = 1FA27CF8	T[63] = 2AD7D2BB
T[16] = 49B40821	T[32] = 8D2A4C8A	T[48] = C4AC5665	T[64] = EB86D391

3. 数据子分组的使用顺序

当前要处理的 512 bit 分组被分为 16 个子分组，保存于 X[i] 中，其中 i = 0, 1, 2, …, 15。X[i] 是 32 bit 的字，在每轮中恰好被使用 1 次，不同轮中使用顺序不同，如公式 (5-3) 所示，其中第 1 轮的使用次序为初始次序。

迭代运算之子分组

$$
\begin{cases}
\rho_1(i) = i \\
\rho_2(i) \equiv (1+5i) \bmod 16 \\
\rho_3(i) \equiv (5+3i) \bmod 16 \\
\rho_4(i) \equiv 7i \bmod 16
\end{cases}
$$

(5-3)

其中，i = 0, 1, 2, …, 15。

【例 5-3】 某个数据分组的 16 个子分组表示为 X[0], X[1], …, X[15],请计算压缩函数第 2 轮运算中,子分组的使用顺序。

因为 $\rho_2(i) \equiv (1 + 5i) \bmod 16$

所以 $\rho_2(0) = 1, \rho_2(1) = 6, \rho_2(2) = 11, …, \rho_2(15) = 12$

所以第 2 轮运算中,子分组使用顺序为 X[1], X[6], X[11], X[0], X[5], X[10], X[15], X[4], X[9], X[14], X[3], X[8], X[13], X[2], X[7], X[12]。

5.2.3 MD5 散列算法的迭代运算

MD5 散列算法的每一轮都对缓冲区 A、B、C、D 进行 16 步迭代运算,如图 5-3 所示。

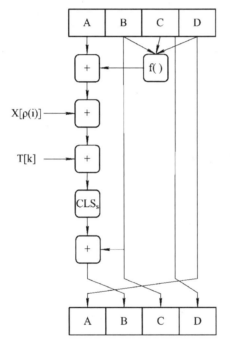

迭代运算

图 5-3 MD5 压缩函数每一步迭代的过程

每步迭代运算形式如公式 (5-4) 所示。

$$\begin{cases} temp \leftarrow B + CLS_s(A + f(B, C, D) + X[\rho(i)] + T[k]) \\ A \leftarrow D \\ D \leftarrow C \\ C \leftarrow B \\ B \leftarrow temp \end{cases} \qquad (5\text{-}4)$$

其中,"←"表示赋值运算;"+"表示模 2^{32} 加法。

(1) 函数 f( ) 表示基本逻辑函数,如图 5-2 所示,第 1 轮的每步迭代运算使用函数 F( );第 2 轮的每步迭代运算使用函数 G( );第 3 轮的每 1 步迭代运算使用函数 H( );第 4 轮的每步迭代运算使用函数 I( )。

(2) X[ρ(i)] 表示被处理的消息的子分组，i = 0, 1, …, 15。不同轮中子分组使用顺序不同，如图 5-4 所示。

(3) T[k] 是常量，k = 1, 2, …, 64，如表 5-2 所示。

(4) CLS$_s$( ) 表示 32 bit 的变量循环左移 s 位，s 的值如表 5-3 所示。

表 5-3　压缩函数中每步循环左移位数表

轮数	步　数															
	1	2	3	4	5	6	7	8	9	10	11	12	13	14	15	16
1	7	12	17	22	7	12	17	22	7	12	17	22	7	12	17	22
2	5	9	14	20	5	9	14	20	5	9	14	20	5	9	14	20
3	4	11	16	23	4	11	16	23	4	11	16	23	4	11	16	23
4	6	10	15	21	6	10	15	21	6	10	15	21	6	10	15	21

【例 5-4】　请计算压缩函数第 2 轮第 2 步的计算结果。假设输入链接变量 A = CC33CC33H，B = AA55AA55H，C = CCFFCCFFH，D = 99669966H。使用的子分组为 00AA00AAH。

根据公式 (5-4)：

(1) temp ← B + CLS$_s$(A + f(B, C, D) + X[ρ(i)] + T[k])

第 2 轮第 2 步使用的常量是 T[18]，根据表 5-2 可知，T[18] = C040B340H。

例 5-3 中，已经计算得到第 2 轮 16 个子分组的使用顺序，第 2 步使用子分组 X[6] = 00AA00AAH。

例 5-2 中，已经计算得到第 2 轮使用的逻辑函数 G(B, C, D) = CCDDCCDDH。

根据表 5-3，第 2 轮第 2 步循环左移 9 位。

因为 B + CLS$_s$(A + f(B, C, D) + X[ρ(i)] + T[k])

　　= B + CLS$_9$(A + G(B, C, D) + X[6] + T[18])

　　= B + CLS$_9$(CC33CC33H + CCDDCCDDH + 00AA00AAH + C040B340H)

　　= B + CLS$_9$(59FC4CFAH)

　　= AA55AA55H + F899F4B3H

　　= A2EF9F08H

所以 temp = A2EF9F08H

(1) A ← D

所以 A = 99669966H

(2) D ← C

所以 D = CCFFCCFFH

(3) C ← B

所以 C = AA55AA55H

(4) B ← temp

所以 B = A2EF9F08H

迭代运算之常量

5.3 SHA-1 散列算法

安全散列算法 (Secure Hash Algorithm，SHA) 由 NIST 设计并于 1993 年作为联邦信息处理标准 (FIPS PUB 180) 发布，修订版于 1995 年发布 (FIPS PUB 180-1)，通常称之为 SHA-1。

5.3.1 SHA-1 散列算法描述

SHA-1 散列算法对消息以 512 bit 长度的分组为单位进行处理，输出 160 bit 的散列值。SHA-1 算法的分组填充方式与 MD5 散列算法相同，但是散列值和链接变量的长度是 160 bit。

SHA-1 散列算法的中间结果和最终结果保存于 160 bit 的缓冲区中。缓冲区使用 5 个 32 bit 的寄存器 (A、B、C、D、E) 表示，这些寄存器初始化为下列 32 bit 的整数 (十六进制)：

A = 67452301H；

B = efcdab89H；

C = 98badcfeH；

D = 10325476H；

E = c3d2e1f0H。

SHA-1 散列算法的压缩函数由 4 轮运算组成，每轮包含 20 步，如图 5-4 所示。

这 4 轮运算的结构相同，但是各轮使用的逻辑函数不同，分别是 $f_1(\ )$、$f_2(\ )$、$f_3(\ )$、$f_4(\ )$。每轮的输入为当前要处理的消息分组 m_{q-1} 和缓冲区的当前值 A、B、C、D、E，输出仍然放在缓冲区中以产生新的 A、B、C、D、E。每轮使用一个加法常量 K_t，其中 $0 \leqslant t \leqslant 79$，表示迭代步数。80 个常量中实际上只有 4 个不同的取值，如表 5-4 所示。第 4 轮的输出再与第 1 轮的输入 CV_{q-1} 相加得到 CV_q，这里的相加是指缓冲区中的 5 个字与 CV_{q-1} 中对应的 5 个字分别模 2^{32} 相加。

表 5-4　SHA-1 散列算法使用的常量

步数 t	K_t (十六进制)
0～19	5A827999
20～39	6ED9EBA1
40～59	8F1BBCDC
60～79	CA62C1D6

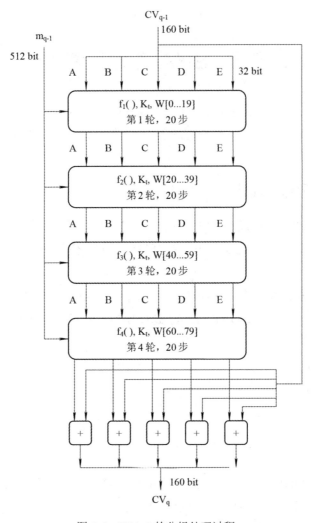

图 5-4   SHA-1 的分组处理过程

消息的 L 个分组都被处理完后，最后一个分组的输出即是 160 bit 的散列值。SHA-1 算法的处理过程如公式 (5-5) 所示。

$$
\begin{cases}
CV_0 = IV \\
CV_q = SUM_{32}(CV_{q-1}, f_4(m_{q-1}, f_3(m_{q-1}, f_2(m_{q-1}, f_1(m_{q-1}, CV_{q-1}))))), & 1 \leqslant q \leqslant L \\
SHA\text{-}1(M) = CV_L
\end{cases}
\tag{5-5}
$$

其中，IV 表示缓冲区 A、B、C、D、E 的初值；m_{q-1} 表示消息的第 q−1 个 512 bit 分组；L 表示消息分组的个数；CV_{q-1} 表示处理消息的第 q−1 个分组时使用的链接变量；$f_1()$、$f_2()$、$f_3()$ 和 $f_4()$ 表示 4 个基本逻辑函数；SUM_{32} 表示对应字执行模 2^{32} 的加法运算；M 表示原始消息；SHA-1() 表示 SHA-1 算法；CV_L 表示最终输出的散列值。

5.3.2   SHA-1 散列算法的压缩函数

SHA-1 的压缩函数的每一轮都对缓冲区 A、B、C、D、E 进行 20 步迭代运算，每步迭代运算形式如图 5-5 所示。

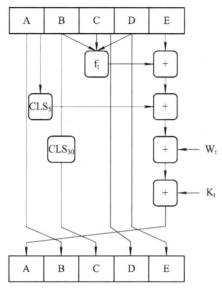

图 5-5 SHA-1 压缩函数每步的迭代过程

每步迭代的运算如公式 (5-6) 所示。

$$\begin{cases} temp \leftarrow E + f_t(B, C, D) + CLS_5(A) + W_t + K_t \\ E \leftarrow D \\ D \leftarrow C \\ C \leftarrow CLS_{30}(B) \\ B \leftarrow A \\ A \leftarrow temp \end{cases} \tag{5-6}$$

其中,"←"表示赋值运算;$CLS_s(\ )$ 表示 32 bit 的字循环左移 s 位;"+"表示模 2^{32} 的加法。

1. 基本逻辑函数

$f_t(B, C, D)$ 是第 t 步使用的基本逻辑函数,如表 5-5 所示,其中,$0 \leqslant t \leqslant 79$。

表 5-5 SHA-1 算法基本逻辑函数的定义

步数t	函数名称f_t	函数值
0～19	$f_1(B, C, D)$	$(B \wedge C) \vee (\overline{B} \wedge D)$
20～39	$f_2(B, C, D)$	$B \oplus C \oplus D$
40～59	$f_3(B, C, D)$	$(B \wedge C) \vee (B \wedge D) \vee (C \wedge D)$
60～79	$f_4(B, C, D)$	$B \oplus C \oplus D$

2. 消息分组扩充

SHA-1 散列算法的每步迭代都要使用一个 32 bit 的字 W_t,所以共需要 80 个字。W_t 是由消息分组 m_q 扩充得到的。

如果 $m_q = M_0 \parallel M_1 \parallel \cdots \parallel M_{15}$，其中 M_i 是长度为 32 bit 的字，则扩展运算如公式 (5-7) 所示。

$$\begin{cases} M_t, & 0 \leqslant t \leqslant 15 \\ CLS_1(M_{t-3} \oplus M_{t-8} \oplus M_{t-14} \oplus M_{t-16}), & 16 \leqslant t \leqslant 79 \end{cases} \tag{5-7}$$

【例 5-5】 如果 $M_0 = 11221122H$，$M_2 = 11AA11AA$，$M_8 = EE00EE00H$，$M_{13} = FF66FF66H$，$M_{15} = 66996699H$，请计算 W_{15} 和 W_{16} 的值。

(1) 根据公式 (5-7)，$W_{15} = M_{15}$，所以 $W_{15} = 66996699H$。

(2) 根据公式 (5-7)：

$$\begin{aligned} W_{16} &= CLS_1(M_{13} \oplus M_8 \oplus M_2 \oplus M_0) \\ &= CLS_1(FF66FF66H \oplus EE00EE00H \oplus 11AA11AAH \oplus 11221122H) \\ &= CLS_1(11EE11EEH) \\ &= 23DC23DCH \end{aligned}$$

5.4 散列算法分析

评价散列函数的方法之一是看攻击者找到一对碰撞消息所花费的代价有多大。

1. 生日攻击

生日攻击是对散列函数进行分析和计算碰撞消息的一般方法。它没有利用散列函数的结构和任何代数弱点，只依赖于消息摘要的长度。这种攻击方法给出了散列函数具备安全性的一个必要条件。

生日攻击源于"生日问题"。生日问题是指在 k 个人中至少有两个人的生日相同的概率大于 0.5 时，k 至少多大？这个问题的答案是 23，远比人们想象的值小很多。在散列函数中寻找一个碰撞与寻找相同生日的两个人是一类问题。

已知散列函数 h( ) 有 n 个可能的输出，如果随机取 k 个输入，则至少有两个不同的输入 x、y，使得 h(x) = h(y) 的概率为 0.5，那么 k 有多大？

(1) 因为 h( ) 有 n 个可能的输出，所以任意取两个不同的输入 x、y，使得 $h(x) \neq h(y)$ 的概率为 $1 - \dfrac{1}{n}$；

(2) 任意取 3 个不同的输入，使得输出不产生碰撞的概率为 $(1 - \dfrac{1}{n})(1 - \dfrac{2}{n})$；

(3) 任意取 k 个不同的输入，使得输出不产生碰撞的概率为 $(1 - \dfrac{1}{n})(1 - \dfrac{2}{n}) \cdots (1 - \dfrac{k-1}{n})$；

(4) 依据 Taylor 级数，在 $n \gg 1$ 的情况下进行约算，可以得到结论 $k \approx \sqrt{2n\ln 2} \approx 1.177\sqrt{n}$。

所以，如果取 n = 365，则 $k \approx 23$，即只需要 23 人，就能以大于 0.5 的概率找到两个生日相同的人。

生日攻击意味着安全消息摘要的长度有一个下限。通常，建议消息摘要的长度至少为 128 bit。安全散列算法 SHA-1 的输出长度选择 160 bit 正是出于这种考虑。

2. 差分分析

差分分析是由 Biham 和 Shamir 提出的针对迭代分组密码的分析方法。其基本思想是通过分析特定明文差对密文差的影响来获得可能性最大的密钥。通常差分分析是指异或差分。在对散列函数进行分析时，采用模差分更加有效，原因是大多数散列函数的基本操作都是模加运算。特别是每步中的最后操作都是模加运算，这决定了最后的输出差分。

2004 年，山东大学的王小云教授做的破译 MD5、HAVAL-128、MD4 和 RIPEMD 算法的报告震惊了整个密码学界。2005 年，又宣布了破译 SHA-1 的消息，再一次震惊了世界密码学界。王小云教授的攻击方法采用模差分思想，根据每次循环中模减差分或异或差分，得到差分特征，通过两种差分的结合，提出了新的一系列散列函数攻击的有效方法。

从技术上讲，MD5 和 SHA-1 的碰撞可在短时间内被求出并不意味着两种算法完全失效。但是无论如何，王小云教授的方法使得在短时间内找到 MD5 和 SHA-1 的碰撞成为可能。

5.5 散列算法的应用

散列算法在信息安全领域有着广泛的应用，本节介绍数字指纹、安全口令存储，其他章节将介绍散列算法的重要应用，如数字签名与验证、消息鉴别等。

1. 数字指纹

散列算法可以用来生成文件的"数字指纹"，再通过比对数字指纹来辨别文件是否被修改过。

系统管理员可以通过散列算法计算出系统程序或者需要安全保护的数据文件的数字指纹，这些数字指纹的数据量很小，可以被保存在安全的存储介质上。系统管理员可以定期或根据需要计算被保护的程序或数据文件的数字指纹，并与安全存储的数字指纹进行比对，如果数字指纹发生了变化，那么说明这些程序或数据文件可能被非法篡改，或者被恶意程序感染。

某些应用系统在发布文件(例如安装程序、视频文件等)时会同时发布这些文件的数字指纹，用户下载这些文件后，在本地再次计算这些文件的数字指纹，通过比对可以判断是否安全、完整地下载了文件。

2. 安全口令存储

目前很多在线应用系统(例如公共网络中的电子邮箱系统、企业内部网络中的财务管理系统等) 需要用户注册后才能访问，用户通常会将个人信息，如账户名称、登录口令等注册到应用系统的服务器中，以便登录过程中进行身份鉴别。用户提供的敏感数据，如登录口令，不应该以明文的方式存储在应用服务器中，否则攻击者获取应用服务器访问权限后就会很容易获取用户登录口令，从而给系统安全和用户个人信息安全造成损害。

在实际应用中，系统会用散列函数计算用户提供的登录口令，并将口令散列值存储到应用服务器中 (不会直接存储用户的口令明文)。当用户登录系统时，系统再次计算用户提供的口令的散列值，并与服务器中存储的散列值进行比对，如果相同，则允许用户登录，否则拒绝用户登录。

目前，对散列值进行破解的工具已经很常见，弱口令的散列值是很容易被破解出来的，例如口令 "111111" 的 MD5 散列值是 "96E79218965EB72C92A549DD5A330112"，攻击者获取这个散列值后，通过破解工具可以很容易找到或碰撞出明文口令。为了提高口令的安全性，在实际应用中，通常计算口令与 salt(盐值) 混合后的数据的散列值。在口令相同的情况下，通过使用不同的 salt，计算得到的散列值是不同的，这种方法增加了攻击者破译口令的难度。

习　题

1. 填空题

(1) 目前常用的散列算法普遍使用 (　　) 模式。

(2) MD 模式每一轮迭代运算的结果以及最终散列值存放在 (　　) 中。

(3) 压缩函数 f( ) 接收两个参数，n 比特的压缩值和 b 比特的数据值，其中 n 与 b 的大小关系通常是 (　　)。

(4) 如果原始消息为 1304 bit，那么填充形式为 (　　)，总共填充 (　　) bit，使数据长度为 (　　) bit，最终将数值 (　　) 填充在末尾，填充形式为 (　　)。

(5) MD5 散列算法有 (　　) 个链接变量，SHA-1 算法有 (　　) 个链接变量。这些链接变量的长度为 (　　) bit。

(6) MD5 散列算法的每个消息分组要经过 (　　) 轮，每轮 (　　) 步迭代运算；SHA-1 散列算法的每个消息分组要经过 (　　) 轮，每轮 (　　) 步迭代运算。

(7) MD5 散列算法每个数据分组运算过程中使用 (　　) 个不同的常量；SHA-1 散列算法每个数据分组运算过程中使用 (　　) 个不同的常量。

2. 简答题

(1) 请简述 MD 的结构。

(2) 请简述 MD5 算法和 SHA-1 算法运算每个数据分组时，子分组使用的区别。

(3) 请简述为什么 "生日攻击" 方法给出了散列函数具备安全性的一个必要条件，而不是充分条件。

(4) 简述使用散列值存储用户口令的基本方法。

3. 问答题

(1) 如果链接变量 B = AA55AA55H，C = CCFFCCFFH，D = 99669966H，请计算 MD5 散列算法的压缩函数第 3 轮逻辑函数 H( ) 的值。

(2) 计算 MD5 散列算法第 3 轮中 16 个子分组的使用顺序。

(3) 请计算 MD5 散列算法压缩函数第 3 轮第 3 步的结果。假设输入链接变量 A = CC33CC33H，B = AA55AA55H，C = CCFFCCFFH，D = 99669966H，使用的子分组为 00AA00AAH。

(4) 如果链接变量 A = C3C3C3C3H，B = A5A5A5A5H，C = CFCFCFCFH，D = 96969696H，E = 01010101H，请计算 SHA-1 算法第 4 轮逻辑函数 $f_4( )$ 的值。

(5) 如果 M_{63} = 12121212H，M_{65} = 1A1A1A1A，M_{71} = E0E0E0E0H，M_{76} = F6F6F6F6H，请计算 SHA-1 算法第 80 个子分组 W_{79} 的值。

(6) 请计算 SHA-1 算法第 4 轮最后一步的结果。假设输入链接变量 A = C3C3C3C3H，B = A5A5A5A5H，C = CFCFCFCFH，D = 96969696H，E = 01010101H，使用的子分组为 0A0A0A0AH。

(7) 如果某散列算法计算的散列值是 8 bit，请计算最少需要多少个散列值，就可以以大于 0.5 的概率找到两个相同的散列值。

第6章　公钥加密算法

学习目标

(1) 掌握欧拉定理。

(2) 掌握中国剩余定理。

(3) 了解原根与指数。

(4) 掌握 RSA 算法工作原理。

(5) 掌握 ElGamal 算法工作原理。

(6) 掌握 RSA 的工作原理。

(7) 掌握 DSS 的工作原理。

(8) 掌握签密算法的工作原理。

(9) 掌握常用身份识别协议的工作原理。

公钥加密算法均基于数学难解问题，目前常用的数学难解问题有"大数分解"难题和"离散对数"难题。

6.1　公钥密码数学基础

欧拉定理在 RSA 密码构建中起到了关键作用。在解密 RSA 密码时，运用中国剩余定理可以简化解密过程。在 ElGamal 密码体制中，原根和指数概念也具有重要意义。本节介绍欧拉定理、中国剩余定理 (Chinese Remainder Theorem，CRT) 及原根与指数的有关内容。

6.1.1　欧拉定理

1. 简化剩余系

设 m 是一个正整数，对任意正整数 a，称 $C_a = \{c|c \in \mathbf{Z}, c \equiv a \,(\text{mod}\, m)\}$ 为模 m 的 a 的剩余类。若有 m 个整数 $r_0, r_1, \cdots, r_{m-1}$，其中任意两个数都不在同一个剩余类中，则 $r_0, r_1, \cdots, r_{m-1}$ 叫作模 m 的一个完全剩余系。

在模 m 的一个剩余类中，如果有一个数与 m 互素，那么这个剩余类中所有的数均与 m 互素。

如果模 m 的一个剩余类中存在与 m 互素的数，则称它是模 m 的一个简化剩余类。在模 m 的所有简化剩余类中，从每个类任取一个数组成的集合，叫作模 m 的一个简化剩余系，也叫既约剩余系、缩系。

例如，{1, 5} 构成模 6 的简化剩余系；{1, 2, 3, 4, 5, 6} 构成模 7 的简化剩余系。

简化剩余系中的元素个数由欧拉函数来定义。

2. 欧拉函数

设 m 是一个正整数，称 m 个整数 0, 1, ⋯, m − 1 中与 m 互素的整数个数为欧拉函数，记作 $\varphi(m)$。

欧拉函数具有下列性质：

(1) 若 p 为素数，则 $\varphi(p) = p - 1$。

(2) 若 p 和 q 为不同的素数，则 $\varphi(p \cdot q) = (p - 1) \cdot (q - 1) = \varphi(p) \cdot \varphi(q)$。

欧拉函数如定理 6.1 所示。

定理 6.1 设正整数 n 的标准分解式为

$$n = \prod_{p_i \mid n} p_i^{a_i} = p_1^{a_1} p_2^{a_2} \cdots p_k^{a_k}$$

则：

$$\varphi(n) = n \prod_{p_i \mid n} (1 - \frac{1}{p_i}) = n(1 - \frac{1}{p_1})(1 - \frac{1}{p_2}) \cdots (1 - \frac{1}{p_k})$$

【例 6-1】 计算 120 的欧拉函数值。

$$120 = 2^3 \cdot 3 \cdot 5，因此 \varphi(120) = 120(1 - \frac{1}{2})(1 - \frac{1}{3})(1 - \frac{1}{5}) = 32$$

3. 欧拉定理

欧拉定理给出了模 m 的简化剩余系中所有元素都具备的一个特性。

定理 6.2(欧拉定理) 设正整数 m > 1，如果整数 a 满足 gcd(a, m) = 1，则：

$$a^{\varphi(m)} \equiv 1 \pmod{m}$$

6.1.2 中国剩余定理

中国剩余定理又称孙子定理，最早见于我国南北朝时期的一部经典数学著作《孙子算经》。其中的"物不知数"问题为：

"今有物不知其数，三三数之剩二，五五数之剩三，七七数之剩二，问物几何？"

这其实是求解一个一次同余方程组，即

$$\begin{cases} x \equiv 2 \bmod 3 \\ x \equiv 3 \bmod 5 \\ x \equiv 2 \bmod 7 \end{cases}$$

南宋数学家秦九韶创立的"大衍求一术"一般性地解决了一次同余方程组的求解问题，我国将这一成果统称为"孙子定理"，而在国外，则常被称为"中国剩余定理"。

定理 6.3（中国剩余定理）　设正整数 $m_1, m_2, \cdots, m_k$ 两两互素，令：

$$m = \prod_{i=1}^{k} m_i, \quad M_i = m/m_i, \quad (i = 1, 2, \cdots, k)$$

则对任意整数 $a_1, a_2, \cdots, a_k$，同余方程组：

$$\begin{cases} x \equiv a_1 \mod m_1 \\ x \equiv a_2 \mod m_2 \\ \quad\quad\vdots \\ x \equiv a_k \mod m_k \end{cases}$$

有唯一解，即

$$x \equiv \sum_{i=1}^{k} M_i \cdot M_i^{-1} \cdot a_i \mod m$$

其中：

$$M_i \cdot M_i^{-1} \equiv 1 \mod m_i$$

【例 6-2】　按照中国剩余定理，计算"物不知数"问题。

(1) 根据"物不知数"问题的定义，可知：$a_1 = 2$，$a_2 = 3$，$a_3 = 2$，并且 $m_1 = 3$，$m_2 = 5$，$m_3 = 7$。

(2) 计算：$m = m_1 \cdot m_2 \cdot m_3 = 105$。

(3) 计算：$M_1 = 35$，$M_2 = 21$，$M_3 = 15$。

(4) 计算：$M_1^{-1} = 2$，$M_2^{-1} = 1$，$M_3^{-1} = 1$。

(5) 根据中国剩余定理，得到：

$$x \equiv \sum_{i=1}^{3} M_i \cdot M_i^{-1} \cdot a_i \mod m$$

$$x \equiv 35 \cdot 2 \cdot 2 + 21 \cdot 1 \cdot 3 + 15 \cdot 1 \cdot 2 \mod 105$$

$$x \equiv 23 \mod 105$$

在 RSA 密码的解密过程中，需要计算 $m \equiv c^d \mod n$，其中 n 是两个大素数 p 和 q 的乘积。这时可以分别计算 $m \equiv c^d \mod p$ 和 $m \equiv c^d \mod q$，再利用中国剩余定理计算出 m。

6.1.3　原根与指数

设 m, a 为正整数，$m > 1$，$\gcd(a, m) = 1$，称使得：

$$a^x \equiv 1 \mod m$$

成立的最小正整数 x 为 a 模 m 的阶，记作 $\mathrm{ord}_m(a)$。

【例 6-3】 当 m = 7，a 分别为 1，2，3，4，5，6 时，计算 a 模 m 的阶。

a 模 m 的阶如表 6-1 所示。

表 6-1 模 7 的阶

a	1	2	3	4	5	6
$ord_m(a)$	1	3	6	3	6	2

因为 $\varphi(7) = 6$，所以 $ord_m(a)$ 中最大的值是 6。

如果 $ord_m(a) = \varphi(m)$，则称 a 为模 m 的原根。

例 6-3 中，1，2，3，4，5，6 这 6 个数构成了模 7 的简化剩余系，由于 3 和 5 的阶都是 6，因此 3 和 5 都是模 7 的原根。原根可以依靠自身不同的幂次生成简化剩余系中的所有成员。从群论的观点来看，模素数的简化剩余系按照乘法构成了一个循环群，原根可以通过不断自乘得到群中的所有元素，因此原根也叫作群的生成元。

原根用来生成模 m 简化剩余系中某元素 a 的幂次，就是指数。

设 r 是正整数 m 的原根，如果 $gcd(a, m) = 1$，则称同余式 $r^x \equiv a(mod\ m)$ 的唯一整数解 $x(1 \leqslant x \leqslant \varphi(m))$ 为 a 模 m 以 r 为底的指数，也称为离散对数。记作 $Ind_{g,m}(a)$，或简记为 $Ind_g(a)$。

定理 6.4(指数定理) 设 r 是正整数 m 的一个原根，则 $r^x \equiv r^y(mod\ m)$，当且仅当 $x \equiv y(mod\ \varphi(m))$。

6.2 RSA公钥密码体制

RSA 是目前使用最为广泛的公钥密码体制之一，它是由 Rivest、Shamir 和 Adleman 于 1977 年提出并于 1978 年发表的。

6.2.1 算法描述

RSA 算法的安全性基于 RSA 问题的困难性，也基于大整数因子分解的困难性。

1.密钥生成

(1) 选取两个保密的大素数 p 和 q。

(2) 计算 $n = p \cdot q$，$\varphi(n) = (p - 1) \cdot (q - 1)$。其中 $\varphi(n)$ 是 n 的欧拉函数值。

(3) 随机选取整数 e，$1 < e < \varphi(n)$，满足 $gcd(e, \varphi(n)) = 1$。

(4) 计算 d，满足 $d \cdot e \equiv 1\ mod\ \varphi(n)$。

(5) 公钥为 (e, n)，私钥为 (d, n)。

条件 $gcd(e, \varphi(n)) = 1$ 保证了 e 与 $\varphi(n)$ 的逆元肯定存在，即一定能够计算出 d。

2. 加密

首先对明文进行比特串分组，使得每个分组对应的十进制数小于 n，然后依次对每个分组 m 进行加密，所有分组的密文构成的序列就是原始消息的加密结果，即 m 满足 $0 < m < n$，则加密算法如公式 (6-1) 所示。

$$c \equiv m^e \bmod n \qquad (6\text{-}1)$$

其中，c 为密文，且 $0 < c < n$。

3. 解密

对于密文 c，解密算法如公式 (6-2) 所示。

$$m \equiv c^d \bmod n \qquad (6\text{-}2)$$

【例 6-4】 证明解密过程是正确的。

因为 $d \cdot e \equiv 1 \bmod \varphi(n)$，所以存在整数 r，使得 $d \cdot e = 1 + r \cdot \varphi(n)$。

因此得到：

$$c^d \bmod n = m^{e \cdot d} \bmod n = m^{1 + r \cdot \varphi(n)} \bmod n$$

(1) 当 $\gcd(m, n) = 1$ 时，由欧拉定理得知：$(m)^{\varphi(n)} \equiv 1 \bmod n$。

于是有：

$$m^{1 + r \cdot \varphi(n)} \bmod n = m(m^{\varphi(n)})^r \bmod n = m(1)^r \bmod n = m \bmod n$$

(2) 当 $\gcd(m, n) \neq 1$ 时，因为 $n = p \cdot q$，并且 p 和 q 都是素数，所以 $\gcd(m, n)$ 一定为 p 或者 q。不妨设 $\gcd(m, n) = p$，则 m 一定是 p 的倍数。设 $m = x \cdot p$，$1 \leqslant x \leqslant q$。

由欧拉定理得知：$(m)^{\varphi(q)} \equiv 1 \bmod q$。

又因为 $\varphi(q) = q - 1$，于是有：$m^{q-1} \equiv 1 \bmod q$，

所以：$(m^{q-1})^{r \cdot (p-1)} \equiv 1 \bmod q$，

即 $m^{r \cdot \varphi(n)} = 1 \bmod q$。

于是存在整数 b，使得：$m^{r \cdot \varphi(n)} = 1 + b \cdot q$。

对上式两边同乘 m，得到：$m^{1 + r \cdot \varphi(n)} \equiv m + m \cdot b \cdot q$。

又因为 $m = x \cdot p$，所以：

$$m^{1 + r \cdot \varphi(n)} = m + x \cdot p \cdot b \cdot q = m + x \cdot b \cdot n$$

对上式取模 n，得到：$m^{1 + r \cdot \varphi(n)} \equiv m \bmod n$。

综上所述，对任意的 $0 \leqslant m < n$，都有：

$$c^d \bmod n = m^{e \cdot d} \bmod n = m \bmod n$$

6.2.2 RSA 的安全性分析

RSA 抗穷举攻击的方法也是使用大的密钥空间，所以 e 和 d 的位数越大越好。但是密钥生成和加密/解密过程中都包含了复杂的计算，故密钥越大，系统的运行速度越慢。

计时攻击是指通过记录计算机解密消息所用的时间来确定私钥。这种攻击不仅可以用

来攻击 RSA，也可以用于攻击其他公钥加密系统。

1. 数学攻击

尝试分解 n 为两个素因子，这样就可以计算 $\varphi(n) = (p-1) \cdot (q-1)$，从而计算出私钥 $d \equiv e^{-1} \bmod \varphi(n)$（因为 $d \cdot e \equiv 1 \bmod \varphi(n)$）。

虽然大整数的素因子分解是十分困难的，但是随着计算能力的不断增强和因子分解算法的不断改进，人们对大整数的素因子分解的能力在不断提高。例如，RSA-129(即 n 为 129 位十进制数，约 428 位二进制数) 已在网络上通过分布式计算历时 8 个月，于 1994 年 4 月被成功分解，分解算法为二次筛法；RSA-130 已于 1996 年 4 月被成功分解，分解算法为推广的数域筛法；RSA-160 已于 2003 年 4 月被成功分解，分解算法为格筛法。将来可能还有更好的分解算法，因此在使用 RSA 算法时应采用足够大的大整数 n。目前，n 的长度在 1024 到 2048 位之间是比较合理的。

除了选择足够大的大整数外，为了避免选取容易分解的整数 n，建议 p 和 q 还应满足下列限制条件。

(1) p 和 q 的长度应该相差仅几位。

(2) p − 1 和 q − 1 都应有一个大的素因子。

(3) $\gcd(p-1, q-1)$ 应该比较小。

(4) 若 $e < n$ 且 $d < n^{1/4}$，则 d 很容易被确定。

2. 选择密文攻击

给定 m_0 和 m_1 的密文，如果能在不知道 m_0 或 m_1 的条件下确定 $m_0 \cdot m_1$ 的密文，则该加密体制具有同态性质 (Homomorphic Property)。

(1) 如果加密算法满足：$E(pk, m_0) + E(pk, m_1) = E(pk, m_0 + m_1)$，则称该算法具有加法同态性质。

(2) 如果加密算法满足：$E(pk, m_0) \cdot E(pk, m_1) = E(pk, m_0 \cdot m_1)$，则称该算法具有乘法同态性质。

由于 RSA 算法满足：

$(m_0 \cdot m_1)^e \bmod n = (m_0^e \bmod n) \cdot (m_1^e \bmod n) \bmod n$

因此，RSA 算法具有乘法同态性质。

RSA 算法容易受到选择密文攻击。假设入侵者得到了密文 c，想要得到对应的明文 m。

(1) 入侵者随机选择一个明文 x，利用公钥作以下计算，得到 x 对应的密文 c'。

$$c' \equiv c \cdot x^e \bmod n$$

(2) 入侵者利用其拥有的选择密文攻击的权力，并作以下计算，得到 c' 的明文 m'。

$$m' \equiv m \cdot x \bmod n$$

(3) 入侵者通过以下计算，得到密文 c 对应的明文 m。

$$m \equiv m' \cdot x^{-1} \bmod n$$

6.3   ElGamal公钥密码体制

6.3.1   算法描述

1. 密钥生成

(1) 选取大素数 p，且要求 p-1 有大素数因子。$g \in Z_p^*$ 是一个生成元。

(2) 随机选取整数 x，$1 \leqslant x \leqslant p-2$，计算 $y \equiv g^x \bmod p$。

(3) 公钥为 y，私钥为 x。

p 和 g 是公共参数，可以被所有用户共享，这一点与 RSA 算法是不同的。另外，RSA 算法中，每个用户都需要生成两个大素数来建立自己的密钥对（这是很费时的工作），而 ElGamal 算法只需要生成一个随机数和执行一次模指数运算就可以建立密钥对。

2. 加密

首先对明文进行比特串分组，使得每个分组对应的十进制数小于 p，然后依次对每个分组 m 进行加密。对于明文分组 $m \in Z_p^*$，首先随机选取一个整数 k，$1 \leqslant k \leqslant p-2$，然后计算：

$$c_1 \equiv g^k \bmod p， \quad c_2 \equiv m \cdot y^k \bmod p$$

则密文 $c = (c_1, c_2)$。

3. 解密

为了解密一个密文 $c = (c_1, c_2)$，计算：

$$m \equiv \frac{c_2}{c_1^x} \bmod p$$

【例 6-5】 设 p=11，g=2，x=3，计算公钥和私钥，并对明文 m=7 进行加密和解密。

$$
\begin{aligned}
y &\equiv g^x \bmod p \\
&= 2^3 \bmod 11 \\
&= 8
\end{aligned}
$$

则公钥为 8，私钥为 3。

若明文 m=7，随机选取整数 k=4，计算：

$$
\begin{aligned}
c_1 &\equiv g^k \bmod p \\
&= 2^4 \bmod 11 \\
&= 5
\end{aligned}
$$

$$
\begin{aligned}
c_2 &\equiv m \cdot y^k \bmod p \\
&= 7 \cdot 8^4 \bmod 11 \\
&= 6
\end{aligned}
$$

密文 c = (c₁, c₂) = (5, 6)

解密为

$$m \equiv \frac{c_2}{c_1^x} \bmod p = \frac{6}{5^3} \bmod 11 = 7$$

4. 解密的正确性

下面证明解密是正确的。

因为

$$y \equiv g^x \bmod p$$

所以

$$m \equiv \frac{c_2}{c_1^x} \bmod p = \frac{m \cdot y^k}{g^{x \cdot k}} \bmod p$$

$$= \frac{m \cdot g^{x \cdot k}}{g^{x \cdot k}} \bmod p$$

$$= m \bmod p$$

6.3.2　ElGamal 的安全性

在 ElGamal 公钥密码体制中，$y \equiv g^x \bmod p$。由公开参数 g 和 y 求解私钥 x 需要求解离散对数问题。目前还没有找到一个有效算法来求解有限域上的离散对数问题。因此，ElGamal 公钥密码体制的安全性基于有限域 Z_p 上离散对数问题困难性。为了抵抗已知的攻击，p 应该选取至少 1024 位以上的大素数，并且 p－1 至少应该有一个长度不小于 160 bit 的大的素因子。

6.4　数字签名与验证

数字签名在信息安全(包括身份认证、数据完整性、不可否认性以及匿名性)等方面有着重要应用，是现代密码学的一个重要分支。

6.4.1　RSA 数字签名

RSA 密码体制既可以用于加密，也可以用于数字签名。

1. 数字签名与验证算法

1) RSA 签名算法

RSA 算法公钥为 (e, n)，私钥为 (d, n)。对于消息 $m(m \in Z_n)$，签名为：

$$s \equiv m^d \bmod n$$

2) RSA 验证算法

对于消息签名对儿 (m, s)，如果有：

$$m \equiv s^e \bmod n$$

则 s 是 m 的有效签名。

【例 6-6】　假设用户 A 想对 m = 5 进行签名并发送给用户 B。用户 B 收到签名后进行验证。

(1) 生成 RSA 公、私钥对。

用户 A 选择两个素数 p = 3，q = 11，并计算：

$$n = p \cdot q = 3 \times 11 = 33$$
$$\varphi(n) = (p-1) \cdot (q-1) = 2 \times 10 = 20$$

用户选择 e = 7，根据 $de \equiv 1 \bmod \varphi(n)$，计算出一个 d = 3。

由此，公钥是 (7, 33)，私钥是 (3, 33)。

(2) 用户 A 使用私钥签名。

$s \equiv 5^3 \bmod 33$，由此得到 m = 26。

(3) 用户 B 验证用户 A 的签名。

当用户 B 收到消息签名对 (m, s) = (5, 26) 时，计算：

$$s^e \bmod n = 26^7 \bmod 33$$

结果为 5，说明该消息的签名是有效的。

2. RSA 数字签名安全分析

对 RSA 数字签名算法进行选择密文攻击可以实现三个目的：消息破译、骗取仲裁签名和骗取用户签名。

1) 消息破译

攻击者对通信进程进行监听，并设法成功收集到使用某个合法用户公钥 e 加密的密文 c。攻击者想恢复明文消息 m，即找出满足 $c = m^e \bmod n$ 的消息 m，攻击者可以通过以下方法处理：

(1) 攻击者随机选取 r<n，且 gcd(r, n) = 1，计算 3 个值：

$$u = r^e \bmod n$$
$$y = u \cdot c \bmod n$$
$$t = r^{-1} \bmod n$$

(2) 攻击者请求合法用户用其私钥对消息 y 签名，得到：

$$s = y^d \bmod n$$

(3) 由 $u = r^e \bmod n$ 可知

$$r = u^d \bmod n$$

所以 $t = r^{-1} \bmod n = u^{-d} \bmod n$，那么攻击者就容易计算出：

$$
\begin{aligned}
t \cdot s \bmod n &= u^{-d} \cdot y^d \bmod n \\
&= u^{-d} \cdot u^d \cdot c^d \bmod n \\
&= c^d \bmod n \\
&= m^{e \cdot d} \bmod n \\
&= m
\end{aligned}
$$

即得到了原始的明文消息。

2) 骗取仲裁签名

仲裁签名是仲裁方 (即公证人) 用自己的私钥对需要仲裁的消息进行签名，启动仲裁的租用。如果攻击者有一个消息需要仲裁签名，但由于公证人怀疑消息中包含不真实的成分而不愿意为其签名，那么攻击者可以通过下述方法骗取仲裁签名。

假设攻击者希望签名的消息为 m，那么攻击者可以随机选取一个值 x，并用仲裁者的公钥 e 计算 $y = x^e \bmod n$；再令 $M = m \cdot y \bmod n$，并将 M 发送给仲裁者要求仲裁者签名；仲裁者回送仲裁签名 $M^d \bmod n$，攻击者即可计算：

$$
\begin{aligned}
(M^d \bmod n) \cdot x^{-1} \bmod n &= m^d \cdot y^d \cdot x^{-1} \bmod n \\
&= m^d \cdot x^{ed} \cdot x^{-1} \bmod n \\
&= m^d \bmod n
\end{aligned}
$$

从而得到消息 m 的仲裁签名。

3) 骗取用户签名

骗取用户签名实际上是指攻击者可以伪造合法用户对消息的签名。如果攻击者能够获得某合法用户对两个消息 m_1 和 m_2 的签名 $m_1^d \bmod n$ 和 $m_2^d \bmod n$，那么攻击者马上就可以伪造出该用户对新消息 $m_3 = m_1 \cdot m_2$ 的签名 $m_3^d \bmod n = m_1^d \cdot m_2^d \bmod n$。因此，当攻击者希望某合法用户对一个消息 m 进行签名但该签名者可能不愿意为其签名时，攻击者可以将 m 分解成两个 (或多个) 更能迷惑合法用户的消息 m_1 和 m_2，且满足 $m = m_1 \cdot m_2$，然后让合法用户对 m_1 和 m_2 分别签名，最终攻击者获得该合法用户对消息 m 的签名。

上述选择密文攻击都是利用了 RSA 算法乘法同态的特性。因此一定要记住，任何时候都不能对陌生人提交的消息直接签名，应该先经过某种处理，比如先计算消息的散列值，然后对散列值进行签名。

6.4.2 数字签名标准

数字签名标准是由 NIST 于 1991 年 8 月公布，并于 1994 年 12 月 1 日正式生效的一项美国联邦信息处理标准。该标准中的算法称为 DSA，是在 ElGamal 和 Schnorr 数字签名基础上设计的，运行在较大有限域的一个小的素阶子群上，并且在这个有限域上，计算离散对数问题是困

数字签名标准 DSS

难的。在对消息进行数字签名之前，DSS 先使用安全的哈希算法 SHA-1 对消息进行处理，然后对所得的消息摘要进行签名。这样一来，不仅可以确保 DSS 能够抵抗多种已知的伪造攻击，同时相对于 ElGamal 等签名体制，DSS 签名的长度将会大大缩减。DSS 只能用于数字签名，不能用于加密和密钥交换。

DSS 应用举例

1. 参数与密钥生成

(1) 选取大素数 p，满足 $2^{L-1}<p<2^L$，其中 $512 \le L \le 1024$ 且 L 是 64 的倍数。

(2) 选取大素数 q，q 是 p−1 的一个素因子且 $2^{159}<q<2^{160}$，即 q 是 160 位的素数且是 p−1 的素因子。

(3) 选取一个生成元 $g = h^{(p-1)/q} \bmod p$，其中 h 是一个整数，满足 $1<h<p-1$ 且 $h^{(p-1)/q} \bmod p > 1$。

(4) 随机选取整数 x，$0<x<q$，计算 $y \equiv g^x \bmod p$。

(5) p、q 和 g 是公开参数，y 为公钥，x 为私钥。

2. 签名

对于消息 m，首先随机选取一个整数 k，$0<k<q$，然后计算：

$r \equiv (g^k \bmod p) \bmod q$

$s \equiv k^{-1}[h(m) + x \cdot r] \bmod q$

则 m 的签名为 (r, s)。其中，h 为 Hash 函数，DSS 规定 Hash 函数为 SHA-1。

签名过程的框图如图 6-1 所示。

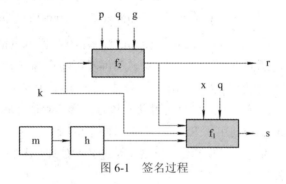

图 6-1　签名过程

签名过程中涉及的函数包括 $f_1(\ )$ 和 $f_2(\ )$。

$$s = f_1(h(m), k, x, r, q), \quad s \equiv k^{-1}[h(m) + x \cdot r] \bmod q$$

$$r = f_2(k, p, q, g), \quad r \equiv (g^k \bmod p) \bmod q$$

3. 验证

对于消息签名对 (m, (r, s))，首先计算：

$$w \equiv s^{-1} \bmod q$$
$$u_1 \equiv h(m) \cdot w \bmod q$$
$$u_2 \equiv r \cdot w \bmod q$$
$$v \equiv (g^{u_1} \cdot y^{u_2} \bmod p) \bmod q$$

然后验证：v = r

如果等式成立，则 (r, s) 是 m 的有效签名，否则签名无效。

验证过程的框图如图 6-2 所示。

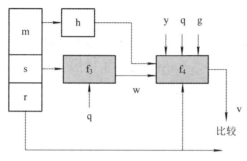

图 6-2　验证过程

验证过程中涉及的函数包括 $f_3(\ )$ 和 $f_4(\ )$。

$$w = f_3(s, q), \quad w \equiv s^{-1} \bmod q$$
$$v = f_4(y, q, g, h(m), w, r)$$
$$v \equiv (g^{u_1} \cdot y^{u_2} \bmod p) \bmod q$$

其中，

$$u_1 \equiv h(m) \cdot w \bmod q, \quad u_2 \equiv r \cdot w \bmod q$$

最初，DSS 的模数 p 固定在 512 位，受到了业界的批评。后来 NIST 对标准进行了修改，允许使用不同大小的模数。表 6-2 是 NIST 指定的 p 和 q 的长度以及对应的安全等级。值得注意的是，Hash 函数的安全等级也必须与离散对数问题的安全等级相匹配。以目前的密码分析能力，1024 位的 p 是比较安全的，2048 位和 3072 位的 p 可以提供长期的安全性。

表 6-2　DSS 的标准参数　　　（单位：bit）

安全等级 (分组密码的密钥长度)	Hash函数 (Hash值长度)	q	p	签名长度
80	160	160	1024	320
112	224	224	2048	448
128	256	256	3072	512

6.4.3　签密

保密性和认证性是当代密码系统最主要的两个安全目标，如果需要同时实现保密性和认证性，那么可以采用"先签名，再加密"的方式。这种方式相当于两种运算"串连"在一起，其运算代价是两种运算之和。

1997 年，Y. Zheng 首次提出了"签密"的概念，在一个逻辑步骤内，同时完成认证和加密运算，从而提供整体效率，该签密方案称为 SCS。

1. 参数与密钥生成

(1) 选取大素数 p 和 q，q 为 p-1 的素因子。

(2) g 为乘法群 Z_p^* 中的一个 q 阶元素。

(3) H( ) 是一个 Hash 函数。

(4) E( ) 和 D( ) 是对称密码体制中的一种加密和解密算法。

(5) x_s 是签密方的私钥，$1 < x_s < q$；y_s 是签密方的公钥，$y_s \equiv g^{x_s} \bmod p$。$x_v$ 是验证方的私钥，$1 < x_v < q$；y_v 是验证方的公钥，$y_v \equiv g^{x_v} \bmod p$。

2. 签密

对于消息 m，签密方执行以下操作。

(1) 选择随机数 x，$1 < x < q$。

(2) 计算 $k \equiv y_v^x \bmod p$，并将 k 分为适当长度的 k1 和 k2。

(3) 计算 r = H(k2, m)。

(4) 计算 $s \equiv x / (r + x_s) \bmod q$。

(5) 计算 c = E_{k1}(m)。

对消息 m 的签密密文为 (c, r, s)。

3. 解密与验证

验证方收到签密密文 (c, r, s) 后，执行以下操作。

(1) 计算 $k \equiv (y_s \cdot g^r)^{s \cdot x_v} \bmod q$，并将 k 分为适当长度的 k1 和 k2。

(2) 计算 m = D_{k1}(c)。

(3) 如果 r = H(k2, m)，那么可以验证消息来自签密方。

Y. Zheng 提出的另一个签密方案与 SCS 非常相似，只是在签密阶段，s 改为 $s \equiv x / (1 + r \cdot x_s) \bmod q$；在解签密阶段，k 改为 $k \equiv (g \cdot y_s^r)^{s \cdot x_v} \bmod q$。

签密方案可以同时实现保密性和认证性的安全目标，并且其效率远远高于"先签密，再加密"的方式。

6.5 身 份 识 别

在现实世界中，每个人都拥有独一无二的物理身份。但是在数字世界中，一切信息都是由一组特定的数据表示的，包括用户的身份信息。如果没有有效的身份识别手段，那么用户的身份信息很容易被伪造，使得任何安全防范体系都形同虚设。

6.5.1 身份识别概述

身份识别就是让验证者相信正在与之通信的另一方就是其所声称的实体，其目的是防止假冒。目前，计算机及计算机网络系统常用的身份识别方式包括以下几种。

(1) 生物特征：利用生物所具有的独一无二的特征，例如指纹、虹膜、DNA 等来进行身份识别。

(2) 口令：这是一种比较普通的身份识别方式，用户提供账户信息的同时，提供只有他本人才知道口令，来向验证方证明自己的身份。通过专用设备，可以设计出动态口令系统，从而提高通过口令进行身份识别的安全性。

(3) 智能卡：智能卡中存放着用户的身份数据，由专门的厂商生产，不能进行复制。智能卡由合法用户随身携带，通过专用的读卡器读出卡中的数据，从而识别用户的身份。

(4) USB Key：USB Key 存储着用户的密钥或数字证书，可以实现对用户身份的识别。

以上身份识别方式被称为"弱识别"，与之对应的"强识别"是指证明者 P(Provider) 通过向验证者 V(Verifier) 展示与证明者有关的秘密信息的方式来证明自己的身份。这种类型的身份识别通常采用"挑战 - 应答"的方式进行。挑战是指一方随机选取秘密数据发送给另一方，而应答是对挑战的回答。

一个安全的身份识别协议能够让证明者 P 向验证者 V 证明自己的身份，但是同时又不会泄露信息使 V 或者其他人冒用 P 的身份，即需要满足以下条件。

(1) P 能向 V 证明他的确是 P。

(2) P 向 V 证明身份后，V 不能获得冒用 P 的身份的信息。

(3) 除了 P 以外的第三者能够以 P 的身份执行协议，能够让 V 相信他是 P 的概率可以忽略不计。

6.5.2 Guillou-Quisquater 身份识别协议

Guillou-Quisquater 身份识别协议（简称 GQ 协议）基于 RSA 密码体制，是由 L.Guillou 和 J.Quisquater 于 1988 年设计的安全身份识别协议。该协议需要一个可信机构 (Trusted Authority，TA)，TA 为协议的执行选择参数，向证明者 P 发放身份证书，P 向验证者 V 证明身份。

1. 参数选择

(1) TA 选择两个大素数 p 和 q，计算 $n = p \cdot q$，p 和 q 保密，n 公开。

(2) TA 选择一个大素数 b，b 满足 $\gcd(b, \varphi(n)) = 1$，且 b 的长度为 40 bit。TA 计算 $a \equiv b^{-1} \bmod \varphi(n)$ 作为私钥。b 作为 TA 公钥公开。

(3) TA 确定自己的签名算法 $Sign_{TA}$ 和哈希函数 h，h 公开。

2. TA 向 P 颁发身份证书

(1) TA 为 P 建立身份信息 ID_P。

(2) P 选择一个整数 u，$0 \leq u \leq n - 1$，且 $\gcd(u, n) = 1$。计算 $v \equiv (u^{-1})^b \bmod n$，u 作为 P

的私钥，v 作为 P 的公钥，并将 v 发送给 TA。

(3) TA 计算签名 s = $Sign_{TA}(ID_P, v)$，将证书 $Cert_P = (ID_P, v, s)$ 发送给 P。

3. P 向 V 证明其身份

(1) P 随机选取整数 k，$0 \leq k \leq n - 1$，计算 $R \equiv k^b \bmod n$，并将证书 $Cert_P$ 和 R 发送给 V。

(2) V 验证 s 是否是 TA 对 (ID_P, v) 的签名，如果是，那么 V 随机选取整数 r，$0 \leq r \leq b - 1$，并将 r 发送给 P。

(3) P 计算 $y \equiv k \cdot u^r \bmod n$，并将 y 发送给 V。

(4) V 验证是否有 $R \equiv v^r \cdot y^b \bmod n$ 成立，如果成立，那么 V 就接受 P 的身份证明，否则 V 拒绝 P 的身份证明。

4. 协议分析

在 GQ 协议中，由于 P 掌握了秘密信息 u，对于任何挑战 r，P 都可以计算 y，使得 $v^r \cdot y^b \equiv (u^{-b})^r \cdot (k \cdot u^r)^b \equiv k^b \equiv R \bmod n$ 成立。

如果一个攻击者能够猜出 V 随机选取的整数 r，则攻击者可以随机选取一个 y，计算出 $R \equiv v^r \cdot y^b \bmod n$。攻击者将 R 和 y 发送给 V，则 V 一定能够验证 $R \equiv v^r \cdot y^b \bmod n$ 成立，V 接受攻击者的身份证明，攻击者成功冒充了 P。

攻击者能够猜中 r 的概率为 1/b，因为 b 是一个非常大的整数，所以攻击者成功冒充 P 的概率是非常小的。

6.5.3 Schnorr 身份识别协议

Schnorr 身份识别协议基于离散对数问题，是由 C.P.Schnorr 于 1991 年设计的身份识别协议。该协议计算量小，适用于智能卡等设备，具有较好的安全性和实用性，被广泛应用于身份识别的各个领域。该协议同样需要一个可信机构 TA，TA 为协议的执行选择参数，向证明者 P 发放身份证书，P 向验证者 V 证明身份。

1. 参数选择

(1) TA 选择两个大素数 p 和 q，其中 q | (p-1)。

(2) TA 选择 $\alpha \in Z_p^*$，其中 α 的阶为 q。

(3) TA 确定自己的签名算法 $Sign_{TA}$ 和哈希函数 h。

2. TA 向 P 颁发身份证书

(1) TA 为 P 建立身份信息 ID_P。

(2) P 选定加密私钥 u，$u \in Z_q^*$，同时计算相应的私钥 $v \equiv (\alpha^u)^{-1} \bmod p$。

(3) TA 对 P 的身份信息 ID_P 和公钥 v 计算签名 s = $Sign_{TA}(ID_P, v)$，将证书 $Cert_P = (ID_P, v, s)$ 发送给 P。

3. 身份识别过程

(1) P 随机选取整数 $k \in Z_q^*$，计算 $R \equiv \alpha^k \bmod p$。P 将证书 $Cert_P = (ID_P, v, s)$ 和 R 发送

给 V。

(2) V 验证 s 是否是 TA 对 (ID_p, v) 的签名，如果是，那么 V 随机选取整数 r，$1 \leqslant r \leqslant 2^t$，其中 t 为哈希函数 h 的消息摘要的长度。V 将 r 发送给 P。

(3) P 计算 $y \equiv (k + u \cdot r) \bmod q$，并将 y 发送给 V。

(4) V 验证是否有：$R \equiv \alpha^y \cdot v^r \bmod p$ 成立，如果成立，则 V 就接受 P 的身份证明，否则 V 拒绝 P 的身份证明。

4. 协议分析

为了保证 Schnorr 身份识别协议的安全性，要求参数 q 的长度不小于 140 bit，参数 p 的长度至少要达到 512 bit。对于参数 α 的选取，可以选择一个 Z_p 上的本原元 $g \in Z_p$，通过计算 $\alpha \equiv g^{(p-1)/q} \bmod p$ 得到相应参数 α。

对 Schnorr 身份识别协议的攻击涉及到离散对数问题求解，当参数 p 满足一定长度要求时，Z_p 上的离散对数求解问题在计算上是不可行的，从而保证了 Schnorr 身份识别协议的安全性。

习　题

1. 填空题

(1) 64 的欧拉函数值为（　　）。

(2) 当 m = 5，a = 7 时，计算 $ord_m(a)$ 为（　　）。

(3) 公钥加密算法 RSA 基于（　　）难题，ElGamal 算法基于（　　）难题。

(4) 在 DSS 中，如果安全等级为 112，在散列函数计算得到的散列值为（　　）比特。

(5) DSS 规定，公钥加密算法（　　）和散列算法（　　）组合用于完成数字签名。

(6) 常见的弱身份识别方式有（　　）、（　　）、（　　）等。

2. 简答题

(1) 请简述 RSA 算法密钥产生的过程。

(2) 请简述 ElGamal 算法密钥产生的过程。

(3) 简述设计签密方案的目的。

(4) 简述安全的身份识别协议应该满足怎样的条件。

3. 问答题

(1) 求解同余方程组：

$$\begin{cases} x \equiv 1 \bmod 4 \\ x \equiv 2 \bmod 3 \\ x \equiv 3 \bmod 5 \end{cases}$$

(2) 在 RSA 签名方案中，设 p = 7，q = 3，公钥 e = 5，消息 m 的散列值编码为 2，试计算私钥 d 并给出对该消息的签名和验证过程。

(3) 在 ElGamal 算法中，设素数 $p = 53$，$g = 7$。如果接收者 B 的公钥 $y_B = 2$，发送者 A 随机选择整数 $k = 3$，求明文 $m = 6$ 所对应的密文。

(4) 在 Guillou-Quisquater 身份识别协议中，假设可信机构 TA 选取的参数 $p = 7$，$q = 3$，并且选取 $b = 5$，那么：

① 请计算其私钥 a 的值。证明者 P 选取的私钥 $u = 2$。

② 请计算其公钥 v 的值。P 选取的随机数 $k = 4$。

③ 请计算验证数 R 的值。验证者 V 选取的随机数 $r = 3$。

④ 请计算 P 运算得到的 y 值；

⑤ 请证明 V 是否接受 P 的身份证明。

第 7 章　密 钥 管 理

学习目标

(1) 理解密钥分发中心的功能以及工作原理。

(2) 掌握 Needham-Schroeder 密钥分发协议的工作原理及特点。

(3) 掌握 Kerberos 密钥分发协议的工作原理及特点。

(4) 掌握 Diffie-Hellman 密钥协商协议的工作过程。

(5) 了解中间人攻击的工作过程以及防御方法。

为了实现加密标准化，近代密码学的加密算法是公开的，而密钥则是必须要保密的。在一个加密系统中，无论算法多么强大，一旦密钥丢失或出错，不但合法用户不能提取信息，而且可能会使非法用户窃取信息。可见，密钥的保密与安全管理的重要性。

一个安全系统不仅要阻止入侵者获取密钥，还要避免对密钥的未授权使用、有预谋的修改和其他形式的恶意操作等。另外，人们希望即使这些不利情况发生了，系统也应当能够察觉。密钥管理处理密钥自产生到最终销毁的整个过程中的有关问题。

为了使用对称加密算法，通信双方需要建立一个共享密钥。密钥可分为以下两类：

(1) 会话密钥：这类密钥的生命周期比较短，主要用来对两个通信终端的一次会话过程中传输的数据进行加密。泄露一个会话密钥只会影响这一时间段内的隐私，而不会对系统的长期安全造成影响。

(2) 初始密钥：这类密钥使用的周期比较长，泄露一个初始密钥将产生灾难性的后果。初始密钥通常是由系统分配或用户选定，用来产生一次通信过程使用的会话密钥。这类密钥通常不直接用于保密通信过程，使用频率不高，有利于其本身以及整个系统的安全。

密钥分发是密码学中的一个基本问题。通过密钥分发协议，可以使通信双方在一个不安全的信道上建立一个共享密钥。可以通过物理方式、公钥加密技术以及对称加密技术分发密钥。使用物理方式分发密钥，就是使用一个信使通过物理手段分配密钥，这种方法的主要缺陷是系统的安全性不再取决于密钥，而取决于信使。另外，还可以通过公钥加密技术分发密钥，例如通过数字信封机制、公钥基础设施等分发密钥。通过对称加密技术分发密钥之前，需要在用户和可信权威机构之间建立初始密钥，并通过可信权威机构帮助两个用户产生共享密钥。这种方法需要可信权威机构和这两个用户同时在线，并且也需要一种物理手段来建立初始密钥。这种分发密钥的方案称为集中式分配方案。

7.1 密钥分配机制

基于密钥分发中心 (Key Distribution Center，KDC) 的分发方案属于集中式密钥分发方案，即利用网络的"密钥分发中心"来集中管理系统中的密钥。"密钥分发中心"接收系统中用户的请求，为用户提供安全密钥服务。

7.1.1 密钥分发中心

可以通过使用一个可信中介 (Trusted Intermediary) 确定用于对称加密的共享密钥，这个可信中介被称为密钥分发中心。

假设用户 A 和 B 需要使用对称加密技术进行通信，他们从未谋面也没有预先约定共享密钥。如果他们只能通过网络互相通信，那么他们协商共享密钥的一种常用的方法是使用 KDC。

KDC 是一个与每个注册用户共享一个初始密钥的服务器。这个初始密钥可由用户在第一次注册时人工安装到这个服务器上。KDC 知道每一个注册用户的密钥，且每一个用户都可以使用这个密钥与 KDC 进行安全通信。

假设用户 A 和用户 B 都是 KDC 的注册用户，他们只知道自己与 KDC 安全通信的初始密钥，即 $K_{A\text{-}KDC}$ 和 $K_{B\text{-}KDC}$。图 7-1 是基于 KDC 进行对称密钥分发的过程示意图。

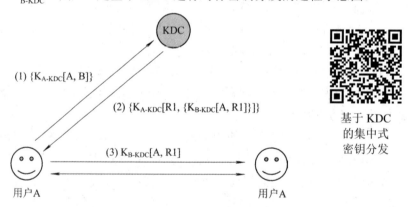

基于 KDC
的集中式
密钥分发

图 7-1 基于 KDC 的对称密钥分发过程

(1) 用户 A 使用 $K_{A\text{-}KDC}$ 加密他与 KDC 的通信内容，发送一个报文给 KDC，说明他要与用户 B 通信。这里用 $\{K_{A\text{-}KDC}[A, B]\}$ 表示这个报文。

(2) KDC 知道 $K_{A\text{-}KDC}$，从而能够解密报文 $\{K_{A\text{-}KDC}[A, B]\}$。然后 KDC 生成一个随机数 R1，作为用户 A 和用户 B 之间通信的共享对称密钥。这个密钥也被称为一次会话密钥 (One-Time Session Key)，因为用户 A 和用户 B 只在他们刚建立的这一次会话中使用这个密钥。KDC 此时需要向用户 A 和用户 B 通知这个密钥值。KDC 向用户 A 发回一个报文，并用 $K_{A\text{-}KDC}$ 加密这个报文，这个报文包含以下内容：

① 用户 A 和用户 B 将用于通信的一次会话密钥 R1。

② KDC 使用 KDC 与用户 B 的密钥 $K_{B\text{-}KDC}$ 加密一个数值对，即 A 和 R1，将其表示为 $\{K_{B\text{-}KDC}[A, R1]\}$。

KDC 把这些数据项都放入一个报文中，使用 KDC 和用户 A 的共享密钥加密之后发送给用户 A。故这个从 KDC 发送给用户 A 的报文可以表示为 $\{K_{A\text{-}KDC}[R1, \{K_{B\text{-}KDC}[A, R1]\}]\}$。

(3) 用户 A 收到 KDC 发送的这个报文，解密这个报文得到 R1。此时用户 A 已经得到了一次会话密钥 R1，用户 A 还要从报文中提取 $\{K_{B\text{-}KDC}[A, R1]\}$ 并发送给用户 B。

(4) 用户 B 使用 $K_{B\text{-}KDC}$ 解密收到的报文 $\{K_{B\text{-}KDC}[A, R1]\}$，并得到 A 和 R1。至此，用户 A 和用户 B 通过 KDC 交换了会话密钥。

7.1.2　Needham-Schroeder 密钥分发协议

Needham-Schroeder 密钥分发协议基于 KDC，由 R. Needham 和 M. Schroeder 于 1978 年提出。该协议是密钥分发技术的里程碑，许多密钥分发协议都是在其基础上发展而来的。

Needham-Schroeder 密钥分发协议有基于对称密码体制和公钥密码体制两个版本。基于对称密码体制的 Needham-Schroeder 密钥分发协议工作流程如图 7-2 所示。

```
(1) A→KDC:  {A, B, N_A}
(2) KDC→A:  {K_A-KDC [N_A, B, K_AB, {K_B-KDC [A, K_AB]}]}
(3) A→B:    {K_B-KDC [A, K_AB]}
(4) B→A:    {K_AB [N_B]}
(5) A→B:    {K_AB [N_B-1]}
```

图 7-2　基于对称密码体制的密钥分发过程

(1) 用户 A 向 KDC 发送一个报文，包含用户 A 和用户 B 的标识信息以及一个随机数 N_A。

(2) KDC 向 A 返回一个报文，该报文使用用户 A 与 KDC 之间的初始密钥 $K_{A\text{-}KDC}$ 进行加密，确保只有用户 A 可以读取报文内容。该报文中包含随机数 N_A 和用户 B 的标识，KDC 为用户 A 和 B 进行加密通信所使用的密钥 K_{AB}，还包含一个子报文，该子报文使用用户 B 与 KDC 之间的初始密钥 $K_{B\text{-}KDC}$ 进行加密，用户 A 无法读取子报文的内容，只需要将该子报文转发给用户 B 即可。

(3) 用户 A 将加密的子报文转发给用户 B，用户 B 解密该报文后获得用户 A 的标识以及与用户 A 进行加密通信所使用的会话密钥 K_{AB}。

(4) 用户 B 向用户 A 发送一个报文并使用 K_{AB} 进行加密，该秘密报文中包含一个由用户 B 生成的随机数 N_B。

(5) 用户 A 对用户 B 发送过来的随机数做一个简单的变换，例如减 1，并用密钥 K_{AB} 加密后发回给用户 B。

该协议前 3 条的目的是由 KDC 为通信双方分配会话密钥。协议第 4 条和第 5 条是用户 A 与用户 B 之间执行了"挑战-应答"协议，由用户 B 向用户 A 发起"挑战"，用户 A 进行应答以表明自己"在线"。该协议的一个明显的缺陷是通过第 4 条和第 5 条协议无法确保用户 A 和用户 B 同时在线。另外，如果 K_{AB} 泄露，那么攻击者作为"中间人"（或者代理人）可以冒充合法用户与另一方通信。

【例 7-1】 在 Needham-Schroeder 密钥分发协议中，如果攻击者 T^B 假冒用户 B，在步骤 (3) 截获用户 A 发送给用户 B 的报文，并取代用户 B 与用户 A 进行"挑战-应答"，那么就会造成用户 B 不在线，用户 A 与攻击者 T^B 进行通信的情况发生。试给出这一过程的工作流程。

(1) A→KDC：$\{A, B, N_A\}$。

(2) KDC→A：$\{K_{A\text{-}KDC}[N_A, B, K_{AB}, \{K_{B\text{-}KDC}[A, K_{AB}]\}]\}$。

(3) A→T^B：$\{K_{B\text{-}KDC}[A, K_{AB}]\}$。

在该步骤中，攻击者 T^B 截获了用户 A 发送给用户 B 的报文（用户 B 并没有收到报文）。

(4) T^B→A：N_{T^B}。

在该步骤中，攻击者 T^B 假冒用户 B 向用户 A 发起"挑战"。攻击者 T^B 发送给用户 B 的报文 N_{T^B} 被伪装成使用 K_{AB} 加密的随机数。

(5) A→T^B：$\{K_{AB}[K_{AB}[N_{T^B}] - 1]\}$。

用户 A 收到报文 N_{T^B} 后，首先进行解密（使用密钥 K_{AB} 加密），然后进行约定的处理（减 1），再使用 K_{AB} 加密后发送给 N_{T^B}，完成"应答"。

在整个过程中，用户 B 并未参与协议的执行，如果要避免这种情况的发生，那么应该在协议执行过程中加入用户 B 的信息，使用户 A 可以识别出用户 B。

7.1.3　Kerberos 密钥分发协议

Kerberos 是一套鉴别服务系统，包含一个中心数据库，存储每个用户的口令。Kerberos 拥有一个鉴别服务器 (Authentication Server，AS)，用于对通信实体的身份进行鉴别。Kerberos 还引入了一个票据许可服务器 (Ticket Granting Server，TGS)，用于对服务和资源的访问进行控制。

Kerberos 鉴别服务系统除了能够完成通信实体的鉴别，还可以为通信实体分配会话密钥，这就是 Kerberos 密钥分发协议需要完成的任务。Kerberos 密钥分发协议的设计思想源于 Needham-Schroeder 密钥分发协议，并通过引入时间戳以及有效期等信息，保证会话密钥的"新鲜性"，从而提高协议的安全性。

Kerberos 密钥分发协议基本工作流程如图 7-3 所示，其中 KDC 代表中心鉴别服务器。

(1) A→KDC：$\{A, B\}$

(2) KDC→A：$\{K_{A\text{-}KDC}[T_{KDC}, L, K_{AB}, B, \{K_{B\text{-}KDC}[T_S, L, K_{AB}, A]\}]\}$

(3) A→B：$\{K_{B\text{-}KDC}[T_{KDC}, L, K_{AB}, A]\}, \{K_{AB}[A, T_A]\}$

(4) B→A：$\{K_{AB}[T_A+1]\}$

图 7-3　Kerberos 协议的基本工作流程

(1) 用户 A 向 KDC 发送一个报文，包含用户 A 和用户 B 的标识信息。

(2) KDC 向 A 返回一个报文,该报文使用用户 A 与 KDC 之间的初始密钥 $K_{A\text{-}KDC}$ 进行加密。该报文包含五部分内容,即 KDC 生成的时间戳 T_{KDC}、KDC 为用户 A 和用户 B 进行加密通信所提供的会话密钥 K_{AB}、密钥使用时限 L、用户 B 的标识信息以及一个子报文。该子报文使用用户 B 与 KDC 之间的初始密钥 $K_{B\text{-}KDC}$ 进行加密,用户 A 需要将该子报文转发给用户 B。

(3) 用户 A 收到 KDC 发送的报文后进行解密,将保密的子报文 $\{K_{B\text{-}KDC}[T_S, L, K_{AB}, A]\}$ 发送给用户 B。另外,用户 A 从解密的报文中得到会话密钥 K_{AB} 及其使用时限 L,并根据时间戳 T_{KDC} 判断其"新鲜性",然后生成新的时间戳 T_A。用户 A 将自己的标识信息以及时间戳 T_A 使用会话密钥 K_{AB} 进行加密,发送给用户 B。

(4) 用户 B 收到报文 $\{K_{B\text{-}KDC}[T_{KDC}, L, K_{AB}, A]\}$,使用 $K_{B\text{-}KDC}$ 进行解密,得到会话密钥 K_{AB}。用户 B 使用 K_{AB} 解密第二个报文 $\{K_{AB}[A, T_A]\}$ 得到时间戳 T_A,可以判断出用户 A 是否确实收到了 K_{AB},同时判断 K_{AB} 的"新鲜性"。

Kerberos 密钥分发协议引入了时间戳的概念,这就需要网络中的相关用户进行时钟同步。

基于 KDC 的密钥分发方式对 KDC 的要求非常高。在系统用户数量庞大的情况下,可以考虑将整个网络划分为不同的安全域,这些安全域之间采用"分层结构"形成隶属关系,如图 7-4 所示。

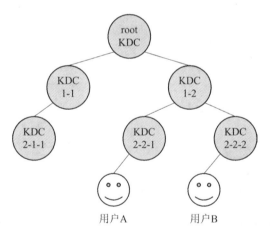

图 7-4　KDC 的分层结构

在图 7-4 中,用户 A 和用户 B 分别属于不同的 KDC 域,他们所属的 KDC 有共同的"父"KDC,即 KDC1-2,由 KDC1-2 为用户 A 和 B 分配会话密钥。

7.2　密钥协商协议

分布式密钥分配方案是由通信双方自己协商完成会话密钥生成和分发,不受任何其他方面的限制。在 Diffie-Hellman 密钥交换协议中,通信双方不需要使用 KDC 就可以创建一个对称会话密钥。

7.1.1　Diffie-Hellman 密钥协商协议

图 7-5 是 Diffie-Hellman 密钥协商协议的工作流程，协议过程描述如下：

(1) 通信双方选择两个数 p 和 g，其中 p 是一个大素数 (1024 bit)，g 是一个在群 $<Z_p^*, x>$ 中的 p－1 阶生成元。p 和 g 作为系统的公开参数可以公开发布。

(2) 通信方 A 选择一个大的随机数 x，使得 $0 \leqslant x \leqslant p-1$，计算 $R_1 \equiv g^x \bmod p$，并将 R_1 发送给通信方 B。

(3) 通信方 B 选择一个大的随机数 y，使得 $0 \leqslant y \leqslant p-1$，计算 $R_2 \equiv g^y \bmod p$，并将 R_2 发送给通信方 A。

(4) A 在收到 R_2 后，计算 $K \equiv (R_2)^x \bmod p$。

(5) B 在收到 R_1 后，计算 $K \equiv (R_1)^y \bmod p$。

于是，通信双方得到了同一个 K 值，即取得了共同的会话对称密钥。

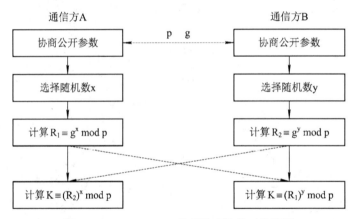

图 7-5　Diffie-Hellman 密钥协商协议工作流程

【例 7-2】　设可公开的参数 p＝11，g＝2。用户 A 选择的随机数 x＝3，用户 B 选择的随机数 y＝5。计算用户 A 和用户 B 之间的会话密钥。

(1) 用户 A 和用户 B 交换参数 R_1 和 R_2。

用户 A：因为 $R_1 \equiv g^x \bmod p$，所以 $R_1 \equiv 2^3 \bmod 11$，$R_1 = 8$。

用户 B：因为 $R_2 \equiv g^y \bmod p$，所以 $R_2 \equiv 2^5 \bmod 11$，$R_2 = 10$。

(2) 用户 A 和用户 B 分别计算共享密钥 K。

用户 A：因为 $K \equiv (R_2)^x \bmod p$，所以 $K \equiv 10^3 \bmod 11$，$K = 10$。

用户 B：因为 $K \equiv (R_1)^y \bmod p$，所以 $K \equiv 8^5 \bmod 11$，$K = 10$。

至此，用户 A 和用户 B 之间得到了会话密钥 K＝10。

可以看出 Diffie-Hellman 密钥协商协议的设计是精妙的，协议通过双方各掌握一部分

秘密 (x 或者 y)，而达成了双方共有的一个秘密值。虽然 Diffie-Hellman
密钥协商协议看似设计精妙，但是有两种攻击威胁着该协议的安全。其
一是离散对数攻击，其二是中间人攻击。

DiffieHellman
密钥协商协议
的中间人攻击

7.1.2 对 Diffie-Hellman 密钥协商协议的改进

离散对数攻击指攻击者可以拦截 R_1 和 R_2，如果能从 $R_1 \equiv g^x \bmod p$
中求出 x，从 $R_2 \equiv g^y \bmod p$ 中求出 y，那么就可以计算出对称密钥 K。针对这种安全威胁
的防范措施，需要保证在群 $< Z_p^*, \times >$ 中求解离散对数是困难的。例如，素数 p 必须非常大，
另外素数 p 的选择必须要使 p – 1 具有至少一个大的素因子。此外，为了安全起见，通信
双方算出对称密钥后，必须立即销毁 x 和 y，x 和 y 的值只能使用一次。

中间人攻击的发生源于 Diffie-Hellman 协议设计上的缺陷。攻击者不需要求出 x 和 y
的值就可以攻击这个协议。Diffie-Hellman 密钥协商协议的中间人攻击如图 7-6 所示。本来
通信方 A 和 B 希望通过密钥协商协议建立起双方之间的共享密钥，然而攻击者可以在协
议的进行过程中，通过截获 A 和 B 之间的信息，并加入自己选择的秘密值的方式，形成
两个密钥来欺骗通信方 A 和 B。

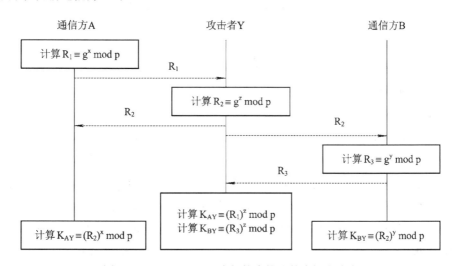

图 7-6   Diffie-Hellman 密钥协商协议的中间人攻击

上述中间人攻击之所以能够奏效，其原因在于协议设计中并没有对来自另一方的消息
进行认证，即通信方 A 和 B 之间没有确认消息确实来自于对方。

数字签名可以对接收到的消息进行认证，从而防止中间人攻击。改进的 Diffie-Hellman
密钥协商协议如图 7-7 所示。在该协议执行过程中添加了对于来自对方的消息的认证，即
消息发送方必须通过自己的私钥对发送的消息进行签名，消息接收方则在收到消息后利用
发送方的公钥对签名进行验证，验证通过后才接收消息。这一达成共享密钥 K 的过程可
以防止中间人攻击。

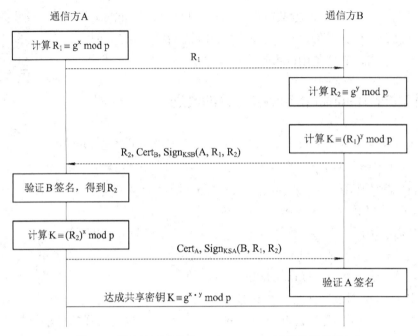

图 7-7　具有认证功能的 Diffie-Hellman 密钥协商协议

习　题

1. 填空题

(1) 利用可信机构，可以为通信双方分发对称会话密钥，这个可信机构被称为（　　），简称（　　）。

(2) Kerberos 是一套鉴别服务系统，它拥有一个（　　），用于对通信实体的身份进行鉴别，还引入了一个（　　），用于对服务和资源的访问进行控制。

(3) 通过在 Diffie-Hellman 密钥协商协议中加入（　　）功能可以避免发生中间人攻击。

2. 简答题

(1) 简述会话密钥与初始密钥的区别。

(2) 请列举为通信双方协商并分发对称会话密钥的方法。

(3) 对比并分析 Needham-Schroeder 密钥分发协议和 Kerberos 密钥分发协议的区别。

(4) 简述中间人攻击的过程。

3. 问答题

(1) 在 Needham-Schroeder 密钥分发协议中，假设 A 和 B 分别与信任权威 KDC 建立了一个共享密钥 $K_{A\text{-}KDC}$ 和 $K_{B\text{-}KDC}$，下面的消息流显示了 A 和 B 建立会话密钥的具体过程：

① A→KDC：$\{A, B, N_A\}$

② KDC→A：{$K_{A\text{-}KDC}$ [N_A, B, K_{AB}, {$K_{B\text{-}KDC}$ [A, K_{AB}]}]}

③ A→B：{$K_{B\text{-}KDC}$ [A, K_{AB}]}

④ B→A：{K_{AB} [N_B]}

⑤ A→B：{K_{AB} [N_B-1]}

请问，在哪一步完成了会话密钥的分配，会话密钥是什么？第④和⑤步执行的操作的功能是什么？

(2) 用户 A 与用户 B 拟通过 Diffie-Hellman 密钥协商协议。选定的参数 p = 13，g = 3。假设用户 A 选择的参数 x = 2，用户 B 选择的参数 y = 4。请计算用户 A 和 B 协商的密钥值。

第 8 章 公钥基础设施

学习目标

(1) 掌握 X.509 数字证书的结构和特点。

(2) 掌握 PKCS#12 数字证书的特点。

(3) 掌握数字证书的管理和使用方法。

(4) 掌握 PKI 系统的组成以及各部分的功能。

(5) 了解 PKI 系统的技术标准和信任模型。

(6) 掌握 SSL 协议的体系结构。

(7) 掌握在 Web 服务器上配置 SSL 协议的方法。

公钥基础设施 (Public Key Infrastructure，PKI) 是指利用公钥理论和技术建立起来的提供信息安全服务的基础设施。

8.1 数 字 证 书

数字证书是网络通信中标识通信实体身份信息的一系列数据，其作用类似于现实生活中的身份证。身份证中包含人的姓名等描述信息，数字证书中也包含了通信实体的基本描述信息；身份证中包含身份证号，用来标识每一个人，数字证书中包含通信实体的公钥；身份证包含国家公共安全机关的签章，所以具有权威性，数字证书中也包含可信任的签发机构的数字签名，这个签发机构称为认证机构 (Certificate Authority，CA)，也称为证书颁发机构。

8.1.1 数字证书的结构

根据应用的不同，数字证书可以分为不同的格式。本小节以最常用的 X.509 证书为例，介绍数字证书的结构。

1. X.509 数字证书

X.509 证书是应用最广泛的一种数字证书，是国际电信联盟 - 电信 (International Telecommunication Union-Telecommunication，ITU-T) 和国际标准化组织 (International

Organization for Standardization，ISO) 的证书格式标准。X.509 证书支持身份的鉴别与识别、完整性、保密性及不可否认性等安全服务。

X.509 证书的格式如图 8-1 所示。其 V1 版本于 1988 年发布。1993 年，在 V1 版本基础上增加了两个额外的域，用于支持目录存取控制，从而产生了 V2 版本。为了适应新的需求，1996 年 V3 版本增加了标准扩展项。2000 年，V4 版本开始正式使用，但是 V4 格式仍为 V3，黑名单格式仍为 V2。

X.509 证书主要有两种类型：最终实体证书和 CA 证书。

(1) 最终实体证书是认证机构颁发给最终实体的一种证书，该实体不能再给其他实体颁发证书。

(2) CA 证书也是认证机构颁发给实体的，但该实体可以是认证机构，可以继续颁发最终实体证书和其他类型证书。CA 证书有以下几种形式。

① 自颁发证书：颁发者名字和主体名字都是颁发证书的认证机构的名字。

② 自签名证书：自颁发证书的一种特殊形式，是自己给自己的证书签名；证书中的公钥与对该证书进行签名的私钥构成公 / 私钥对。

③ 交叉证书：主体与颁发者是不同的认证机构。交叉证书用于一个认证机构对另一个认证机构进行身份证明。

图 8-2 是一张数字证书的详细信息。

查阅数字证书

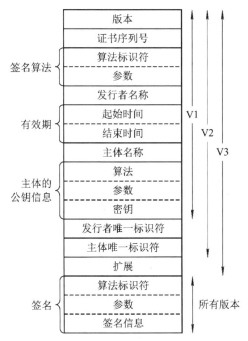

图 8-1　X.509 证书格式

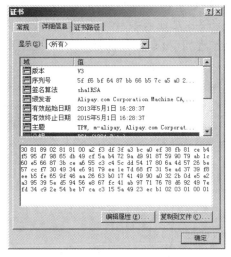

图 8-2　数字证书的详细信息

2. PKCS#12 数字证书

公钥密码标准 (Public-Key Cryptography Standards，PKCS) 是 RSA 实验室发布的一系列关于公钥技术的标准。PKCS 提供了基本的数据格式定义和算法定义，实际上是目前所有 PKI 实现的基础。

PKCS#12 是 PKCS 标准中的个人信息交换标准 (Personal Information Exchange Syntax)。PKCS#12 将 X.509 证书及其相关的非对称密钥对通过加密封装在一起。这使得用户可以通过 PKCS#12 证书获取自己的非对称密钥对和 X.509 证书。许多应用都使用 PKCS#12 标准作为用户私钥和 X.509 证书的封装形式。因此,有时将封装了用户非对称密钥对和 X.509 证书的 PKCS#12 文件称之为 "私钥证书",而将 X.509 证书称为 "公钥证书"。

3. SPKI 证书

IETF(Internet Engineering Task Force,因特网网络工程技术小组) 的 SPKI(Simple Public Key Infrastructure,简单公钥基础设施) 工作组认为 X.509 证书格式复杂而庞大。SPKI 提倡使用以公钥作为用户的相关标识符,必要时结合名字和其他身份信息进行认证。SPKI 的工作重点在于授权而不是标识身份,所以 SPKI 证书也称为授权证书。SPKI 授权证书的主要目的就是传递许可证。同时,SPKI 证书也具有授权许可证的能力。

SPKI 基于的系统结构和信任模型不再是 PKI 系统,而是简单分布式安全基础设施 (Simple Distributed Security Infrastructure,SDSI)。虽然 SPKI 的标准已经成熟和稳定,但是应用还比较少。

8.1.2 数字证书的使用

对称加密技术可以实现消息的高效加密和解密,从而实现消息在发送方和接收方之间的秘密传递。然而,对称加密技术中的密钥交换非常困难。公钥加密技术解决了密钥交换问题,但同时也带来了新的问题,那就是如何确认所获得的公钥确实是希望与之通信的实体的公钥。上述问题可以通过数字证书来解决。

图 8-3 是证书颁发及使用的基本过程。如果用户 B 希望得到用户 A 的正确公钥,其验证过程如下 (前提条件是 rootCA 对用户 A 和 B 都是可信的):

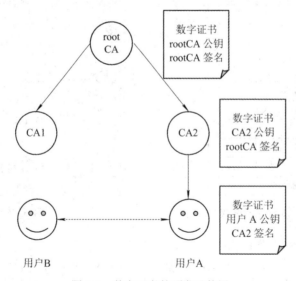

图 8-3   数字证书的颁发及使用

(1) 用户 B 获得用户 A 的数字证书。

(2) 如果用户 B 信任 CA2，则使用 CA2 的公钥验证 CA2 的签名，从而验证用户 A 的数字证书；如果用户 B 不信任 CA2，则进入下一步。

(3) 用户 B 用 rootCA 的公钥验证 CA2 的证书，从而判断 CA2 是否可信。

8.1.3　数字证书的管理

数字证书是网络通信实体身份的重要标识，需要进行安全、高效的管理。数字证书的管理包括申请、发放、撤销、更新、归档等环节。

1. 申请

用户可以通过离线和在线方式申请数字证书。

(1) 离线申请：用户持有关证件到注册中心进行书面申请，填写按一定标准指定的表格。

(2) 在线申请：用户通过互联网到认证中心的相关网站下载申请表格，按内容提示进行填写；也可以通过电子邮件和电话呼叫中心传递申请表格的信息，但有些信息仍需要人工录入，以便进行审核。

注册中心对用户身份信息进行审核，如果通过，则向证书颁发机构提交证书申请请求；证书颁发机构为用户生成证书后，将证书返回给注册中心。如果密钥由证书颁发机构产生，则同时将用户私钥返回给注册中心，然后由注册中心将证书和私钥交给用户。

2. 发放

根据应用场合以及安全需求标准的不同，数字证书可以通过多种方式进行发放。

1) 私下分发

私下分发是最简单的发布方式，在这种情况下，个人用户将自己的证书直接传送给其他用户，例如通过软盘或电子邮件形式传递。私下分发的方式在小范围的用户群内可以工作得很好。一般来说，私下分发是基于以用户为中心的信任模型，私下分发不适合于企业级的应用，主要原因如下：

(1) 私下分发不具有可扩展性。

(2) 如果有证书撤销，私下分发这些撤销信息是不可靠的。

(3) 私下分发无法完成集中式的证书 / 密钥管理。

2) 资料库发布

资料库发布指用户的证书或者证书撤销信息存储在用户可以方便访问的数据库中或其他形式的资料库中，例如：

(1) 轻量级目录访问服务器 (Lightweight Directory Access Protocol，LDAP)。

(2) X.509 目录访问服务器。

(3) Web 服务器。

(4) FTP 服务器。

(5) 数据有效性和验证服务器 (Data Validation and Certification Server，DVCS)。

3) 协议发布

证书和证书撤销信息可以作为其他通信交换协议的一部分。例如，通过 S/MIME 安全电子邮件协议、TLS 协议中证书的交换、IPSec 中的密钥交换协议。

3. 撤销

证书撤销主要有两种方式，一种是周期性地发布证书撤销列表 (Certificate Revocation List，CRL)；另一种是在线撤销机制，如在线证书状态协议 (Online Certificate Status Protocol，OCSP)。

1) 证书撤销列表

证书撤销列表的格式如图 8-4 所示。CRL 是一种包含撤销证书列表的签名数据结构，CRL 的完整性和可靠性由它本身的数字签名来保证，CRL 的签名者一般也是颁发证书的签名者。CRL 的发布包括以下三种：完全 CRL 方式、CRL 分布点方式和增量 CRL 方式。

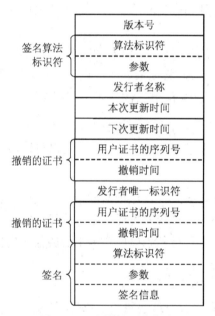

图 8-4　证书撤销列表格式

在 PKI 系统中，证书撤销列表是自动完成的，对用户是透明的。CRL 中并不存放撤销证书的全部内容，只是存放证书的序列号，以便提高检索速度。

2) 在线撤销机制

目前，最普遍的在线证书撤销机制是在线证书状态协议 (Online Certificate Status Protocol，OCSP)。OCSP 是 PKIX 工作组在 RFC2560 中提出的协议，它提供了一种从名为 OCSP 响应器的可信第三方获取在线撤销信息的手段。当用户试图访问一个服务器时，在线证书状态协议发送一个对于证书状态信息的请求，服务器回复一个 "有效" "过期" 或 "未知" 的响应。OCSP 实时地向用户提供证书状态，比 CRL 处理快得多。

4. 更新

一个证书的有效期是有限的，这种规定在理论上是基于当前非对称加密算法和密钥长度的可破译性分析。在实际应用中，由于长时间使用同一个密钥有被破译的危险，因此需要定期更换证书和密钥。

用户可以向系统提出更新证书的申请，系统根据用户的申请更新用户的证书。但是，通常情况下证书更新由系统自动完成，不需要用户干预。系统会自动到目录服务器中检查证书的有效期，在有效期结束之前，会自动启动更新程序，生成一个新证书来代替旧证书。

5. 归档

由于证书更新的原因，经过一段时间后，每一个用户都会形成多个旧证书和至少一个当前新证书。这一系列旧证书和相应的密钥就组成了用户密钥和证书的历史档案，记录整个密钥历史档案是非常重要的。例如，某用户几年前使用自己的公钥加密的数据或者其他人用自己的公钥加密的数据无法用现在的私钥解密，那么该用户就必须从他的密钥历史档案中查找出几年前的私钥来解密数据。

8.2　PKI体系结构

PKI(Public Key Infrastructure，公共基础设施)是一种遵循既定标准的密钥管理平台，是以公开密钥技术为基础，以数据的机密性、完整性和不可抵赖性为安全目的而构建的用于认证、授权、加密等的硬件、软件的综合设施。PKI技术是信息安全技术的核心，也是电子商务的关键和基础技术，作为安全基础设施，为不同的用户实体提供多种安全服务功能，这里涉及的服务功能包括认证、私密性、完整性、安全公正、不可否认、安全时间戳等。

8.2.1　PKI 系统的组成

一个标准的 PKI 系统必须具备认证、证书存储、密钥备份及恢复、客户端认证、交叉认证等功能。

1. 认证机构

CA 是 PKI 的核心执行机构，是 PKI 的主要组成部分，通常被称为认证中心。从广义上讲，认证中心还应该包括证书申请注册机构 (Registration Authority，RA)，它是数字证书的申请注册、证书签发和管理机构。CA 的主要职责包括以下几部分。

(1) 验证并标识证书申请者的身份。对证书申请者的信用度、申请证书的目的、身份的真实可靠性等问题进行审查，确保证书与身份绑定的正确性。

(2) 确保 CA 用于签名证书的非对称密钥的质量和安全性。为了防止被破译，CA 用于签名的私钥长度必须足够长并且私钥必须由硬件卡产生，私钥不出卡。

(3) 管理证书信息资料。管理证书序号和 CA 标识，确保证书主体标识的唯一性，防止证书主体名字的重复。在证书使用中确定并检查证书的有效期，保证不使用过期或已作废的证书，确保网上交易的安全。发布和维护"作废"证书列表，因某种原因证书要作废，就必须将其作为"黑名单"发布在证书撤销列表中，以供交易时在线查询，防止交易风险。对已签发证书的使用全过程进行监视跟踪和全程日志记录，以备发生交易争端时，提供公正的依据，参与仲裁。

由此可见，CA 是保证电子商务、电子政务、网上银行、网上证券等交易的权威性、可信任性和公正性的第三方机构。

2. 数字证书和证书库

数字证书是网上实体的身份证明。证书是由具备权威性、可信任性和公正性的第三方机构签发的，因此，它是具有权威性的电子文档。

证书库是 CA 颁发证书和撤销证书的集中存放地，它像网上的"白页"一样，是网上的公共信息库，可供公众进行开放式查询。一般来说，查询的目的有两个：其一是想得到与之通信的实体的公钥；其二是要验证通信对方的证书是否已进入"黑名单"。证书库支持分布式存放，即可以采用数据库镜像技术，将 CA 签发的证书中与本组织有关的证书和证书撤销列表存放到本地，以提高证书的查询效率。

3. 密钥备份及恢复

密钥备份及恢复是密钥管理的主要内容，用户由于某些原因将解密数据的密钥丢失，从而使得已被加密的密文无法解密。为避免这种情况的发生，PKI 提供了密钥备份与密钥恢复机制：当用户证书生成时，加密密钥即被 CA 备份存储；当需要恢复时，用户只需向 CA 提出申请，CA 就会为用户自动进行恢复。

4. 客户端软件

为方便客户操作，解决 PKI 的应用问题，在客户端装有客户端软件，以实现数字签名、加密传输数据等功能。此外，客户端软件还负责在认证过程中，查询证书和相关证书的撤销信息以及进行证书路径处理、对特定文档提供时间戳请求等。

5. 交叉认证

交叉认证就是多个 PKI 域之间实现互操作。交叉认证实现的方法主要有两种：一种是桥接 CA，即用一个第三方 CA 作为桥，将多个 CA 连接起来，成为一个可信任的统一体；另一种是多个 CA 的根 CA(RCA) 互相签发根证书，这样当不同 PKI 域中的终端用户沿着不同的认证链检验认证到根时，就能达到互相信任的目的。

8.2.2　PKI 系统的技术标准

1. ASN.1 基本编码规范

ASN.1 用来描述在网络上传输的信息的格式标准。它有两个部分：第一部分 (X.208) 描述数据的语法；第二部分 (X.209) 描述如何将各部分数据组成消息，也就是数据的基本

编码规则 (DER 编码)。ASN.1 原来是作为 X.409 的一部分而开发的，后来独立发展为一个标准。

2. X.500 目录服务

X.500 是一套已经被 ISO 接受的目录服务系统标准，它定义了一个机构如何在全局范围内共享其名字和与之相关的对象。X.500 是层次性的，其中的管理域 (机构、分支、部门和工作组) 可以提供这些域内的用户和资源信息。在 PKI 体系中，X.500 被用来唯一标识一个实体，该实体可以是机构、组织一个人或一台服务器。X.500 被认为是实现目录服务的最佳途径，但 X.500 的实现需要较大的投资，并且比其他方式速度慢，而其优势是具有信息模型、多功能和开放性。

3. PKIX 系列标准

PKIX 系列标准 (Public Key Infrastructure on X.509，PKIX) 是由 IETF 的 PKI 小组制定的。该标准主要定义基于 X.509 的 PKI 框架模型，并以 RFC 形式发布。PKIX 定义了 X.509 证书在 Internet 上的使用，包括证书的形成、发布和获取，各种产生和发布密钥的机制，以及怎样实现这些标准的轮廓结构等。IETF 的 PKI 工作小组以 RFC3280 和 X.509 为基础，定义了多个 RFC 协议草案来解释基于 X.509 的 PKI 认证。

4. PKCS 标准

PKCS 是由美国 RSA 安全公司及其合作伙伴指定的一组公钥密码学标准，其中包括证书申请、证书更新、证书作废列表发布、扩展证书内容及数字签名、数字信封的格式等方面的一系列相关协议。

PKCS#1：RSA 加密标准或规范，定义 RSA 公开密钥算法如何进行加密和签名，主要用于组织 PKCS#7 中所描述的数字签名和数字信封。

PKCS#3：定义 DH 密钥交换协议。

PKCS#5：描述一种利用从口令派生出来的安全密钥加密字符串的方法。使用 MD2 或 MD5 从口令中派生密钥，并采用 DES-CBC 模式加密。它主要用于加密从一个计算机传送到另一个计算机的私人密钥，不能用于加密消息。

PKCS#6：描述了公钥证书的标准语法，主要描述 X.509 证书的扩展格式。

PKCS#7：定义一种通用的消息语法，包括数字签名和加密等用于增强的加密机制，PKCS#7 与 PEM 兼容，所以不需要其他密码操作就可以将加密的消息转换成 PEM 消息。

PKCS#8：描述私有密钥信息的格式，该信息包括公开密钥算法的私钥密钥及可选的属性集等。

PKCS#9：定义一些用于 PKCS#6 证书扩展、PKCS#7 数字签名和 PKCS#8 私钥加密信息的属性类型。

PKCS#10：描述证书请求的语法。

PKCS#11：定义一套独立于技术的程序设计接口，用于智能卡和 PCMCIA 卡之类的加密设备。

PKCS#12：描述个人信息交换的语法标准，即描述将用户公钥、私钥证书和其他相关信息打包的语法。

PKCS#13：椭圆曲线密码体制标准。

PKCS#14：伪随机数形成标准。

PKCS#15：密码令牌信息格式标准。

5. LDAP 轻量级目录访问协议

LDAP 规范简化了 X.500 目录访问协议，并且在功能性、数据表示、编码和传输方面都进行了相应的修改。1997 年，LDAP 第 3 版成为互联网标准。目前，LDAP v3 已经在 PKI 体系中被广泛应用于证书信息发布、CRL 信息发布、CA 政策以及与信息发布相关的各个方面。

除了以上协议外，还有一些构建在 PKI 体系上的应用协议，这些协议是 PKI 体系在应用和普及方面的代表，包括 SET 协议和 SSL 协议。

目前 PKI 体系中已经包含了众多的标准和标准协议，由于 PKI 技术的不断进步和完善，以及其应用的不断普及，将来还会有更多的标准和协议加入。

8.2.3　PKI 信任模型

在 ITU-T 推荐标准 X.509 规范中对"信任"是这样描述的：当实体 A 假定实体 B 严格地按 A 所期望的那样行动时，则 A 信任 B。从这个定义可以看出，信任涉及假设、期望和行为，这意味着信任是不可能被测量的。

选择信任模型 (Trust Model) 是构筑和运作 PKI 所必需的一个环节。信任模型主要阐述了以下几个问题：

(1) 一个 PKI 用户能够信任的证书是怎样被确定的。

(2) 这种信任是怎样被建立的。

(3) 在一定环境下，这种信任如何控制。

1. 严格层次结构信任模型

在严格层次结构信任模型中，上层 CA 为下层 CA 颁发证书，如图 8-5 所示。在这种信任模型中，有且只有一个根 CA，每个证书使用者都知道根 CA 的公钥。只要找到一条从根 CA 到一个证书的认证路径，就可以实现对这个证书的验证，建立对该证书主体的信任。

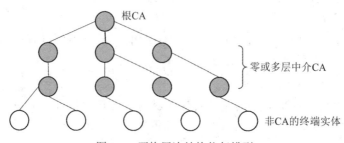

图 8-5　严格层次结构信任模型

层次结构按以下规则建立：

(1) 根 CA 给自己颁发一个自签名证书，并认证直接连接在它下面的 CA，更准确地说是为其签发证书。

(2) 每个 CA 都认证零个或多个直接连接在它下面的实体。

(3) CA 可以认证终端实体。

(4) 每个实体 (包括中介 CA 和终端实体) 都必须拥有根 CA 的公钥。

由于所有证书用户都依赖于一个公共"信任锚"，到达一个特定的最终实体只有唯一的信任路径，而且证书路径长度一般不会太长。但是这种简单性存在一定的缺点：在小规模的群体中，可以对公共根 CA 达成一致信任，但当信任需要扩展到大规模的群体中时，则不可能让所有用户都统一认可唯一可信任的根 CA。

2. 分布式信任模型

分布式信任模型如图 8-6 所示。CA1 是包括 A 在内的严格层次结构的根，CA2 是包括 B 在内的严格层次结构的根，CA1 和 CA2 被称为同位体 CA。同位体 CA 间相互签发证书的过程叫作交叉认证 (Cross Certificate)。交叉认证是把以前无关的 CA 连接在一起的机制，从而使得它们各自终端用户之间的安全通信成为可能。

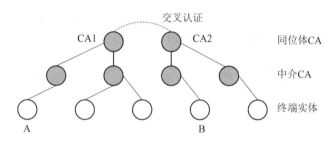

图 8-6　分布式信任模型

3. Web 信任模型

Web 模型是在 World Wide Web(WWW) 上诞生的，而且依赖于流行的浏览器，如 Netscape 公司的 Navigator 和 Microsoft 公司的 Internet Explorer 等。在这种模型中，许多 CA 的公钥被预装在标准的浏览器上。这些公司确定了一组浏览器用户最初信任的 CA。

Web 模型在方便性和简单互操作性方面有明显的优势，但是也存在以下安全隐患：

(1) 浏览器的用户自动地信任预安装的多个公钥，其中有一些可能是不安全的。

(2) 没有实用机制来撤销嵌入到浏览器中的根密钥。

(3) 该模型还缺少有效的方法在 CA 和用户之间建立合法协议，该协议的目的是使 CA 和用户共同承担责任。因为浏览器可以自由地从不同站点下载，也可以预装在操作系统中，CA 不知道它的用户是谁，并且一般用户对 PKI 也缺乏足够的了解，所以不会主动与 CA 直接接触。这样，所有的责任最终或许都会由用户来承担。

4. 以用户为中心的信任模型

在以用户为中心的信任模型中，用户自己决定信任哪些证书。通常，用户的最初信任对象包括家人、朋友或同事。当 A 收到一个据称属于 B 的证书时，他可能发现这个证书是由他不认识的 D 签署的，但是 D 的证书是由他认识且信任的 C 签署的。在这种情况下，A 可以决定信任 B 的密钥 (信任从 B 到 C 再到 D 的密钥链)，也可以决定不信任 B 的密钥 (认为未知的 B 与已知的 C 之间的 "距离太远")。

由于要依赖于用户自身的行为和决策能力，因此以用户为中心的模型在技术水平较高和利害关系高度一致的群体中是可行的，但是在一般的群体中是不现实的。而且，这种信任模型一般不适合应用在贸易、金融或政府等环境中。因为在这些环境下，通常希望或需要对用户的信任实行某种控制，显然这样的信任策略在以用户为中心的模型中是不可能实现的。

8.3　综合应用案例

作为一种基础设施，PKI 的应用非常广泛。基于 PKI 技术的 IPSec 协议现在已经成为架构 VPN 的基础，它可以为路由器之间、防火墙之间或者路由器和防火墙之间提供经过加密和认证的通信。目前发展很快的安全电子邮件协议是 SMIME(The Secure Multipurpose Internet Mail Extension)，其实现需要依赖于 PKI 技术。浏览 Web 页面或许是人们最常用的访问 Internet 的方式，结合 SSL 协议和数字证书，PKI 技术可以保证 Web 交易多方面的安全需求，使 Web 上的交易和面对面的交易一样安全。

8.3.1　SSL 协议概述

SSL 用于保障 WWW 通信的安全性，可以提供私密性、信息完整性和身份认证。TLS (Transport Layer Security，安全传输层协议) 用于在两个通信应用程序之间提供保密性和数据完整性。TLS 类似于 SSLv3，只是对 SSLv3 做了些增加和修改。目前，主流浏览器都已经实现了 TLS 1.2 的支持，如图 8-7 所示。通常 TLS 1.0 被标示为 SSL 3.1，TLS 1.1 被标示为 SSL 3.2，TLS 1.2 被标示为 SSL 3.3。

1. SSL 协议的工作流程

SSL 协议分为握手建立 SSL 连接和 SSL 会话两个阶段。在握手阶段交换的信息或完成的操作包括协议版本、会话标识、加密算法、压缩方法、会话密钥、相互认证，

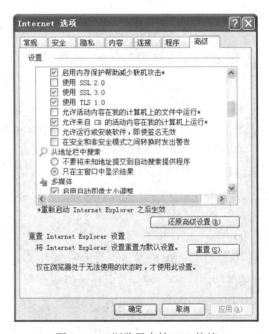

图 8-7　IE 浏览器支持 SSL 协议

如图 8-8 所示。

图 8-8 SSL 协议工作流程

2. SSL 协议的体系结构

SSL 协议位于 TCP/IP 协议的传输层和应用层之间，即 TCP 协议和应用层协议，如 HTTPS、FTPS、TELNETS 等。

SSL 协议由两层组成，分别是握手协议层和记录协议层。握手协议建立在记录协议之上。此外，还有警告协议、密码规格更改协议等子协议，如图 8-9 所示。

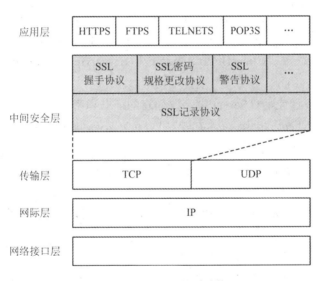

图 8-9 SSL 协议体系结构

1) SSL 记录协议

SSL 记录协议数据处理过程如图 8-10 所示。首先发送方对应用数据进行分段，形成记录协议单元。然后对记录协议单元进行压缩形成压缩单元，并将压缩单元和压缩单元的消息鉴别码组合起来进行加密，形成加密单元。接着将加密单元送往传输层，由 TCP 协议进行处理。最后接收方接收到数据以后，使用相反的操作过程获得应用数据。

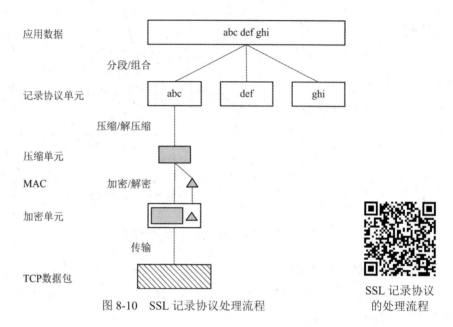

图 8-10   SSL 记录协议处理流程

SSL 记录协议
的处理流程

2) SSL 握手协议

SSL 握手协议的具体工作过程描述如下。

(1) 客户 (Client) 端发送 ClientHello 信息给服务器 (Server) 端，Server 回答 ServerHello。这个过程建立的安全参数包括协议版本、"会话"标识、加密算法、压缩方法等。另外，还交换两个随机数：ClientHello.Random 和 ServerHello.Random，用于计算"会话主密钥"。

(2) Hello 消息发送完后，Server 端会发送它的证书和密钥交换信息。如果 Server 端被认证，它可以请求 Client 端的证书，在验证以后，Server 就发送 HelloDone 消息，以表示达成了握手协议，即双方握手接通。

(3) Server 请求 Client 证书时，Client 要返回证书或返回没有证书的指示，这种情况用于单向认证，即客户端不装有证书。然后，Client 发送密钥交换消息。

(4) Server 此时要回答"握手完成"消息 (Finished)，以表示完整的握手消息交换已经全部完成。

(5) 握手协议完成后，Client 端即可与 Server 端传输应用加密数据，应用数据加密一般是用第 (2) 步密钥协商时确定的对称密钥，如 DES、3DES 等。目前，商用加密强度为 128 bit，非对称密钥一般为 RSA，商用强度为 1024 bit，用于证书的验证。

3) SSL 密码规格更改协议

此协议由一条消息组成，可由客户端或服务器发送，通知接收方后面的记录将被新协商的密码说明和密钥保护；接收方获得此消息后，立即指示记录层把即将读状态变成当前读状态；发送方发送此消息后，应立即指示记录层把即将写状态变成当前写状态。该消息是值为 1 的单字节，通知对方将用刚刚协商的密码规范和关联的密钥处理，并负责协调本方模块按协商的算法和密钥工作。

4) SSL 警告协议

在通信过程中发生任何异常，都要向对方发出警告消息。警告消息分为两种：一般警告 (Warning) 只记录日志，不中断会话；致命警告 (Fatal) 将会中断会话。

警告有以下几种：关闭通知消息、意外消息、错误记录 MAC 消息、解压失败消息、握手失败消息、无证书消息、错误证书消息、不支持的证书消息、证书撤回消息、证书过期消息、证书未知和参数非法消息等。

3. HTTPS

安全超文本传输协议 (Hypertext Transfer Protocol Secure，HTTPS) 由 Netscape 开发并内置于其浏览器中，用于对数据进行压缩和解压操作，并返回网络上传送回的结果。HTTPS 实际上应用了 Netscape 的 SSL 作为 HTTP 应用层的子层。HTTPS 默认使用端口 443，而不是像 HTTP 那样默认使用端口 80 来和 TCP/IP 进行通信。

HTTPS 是以安全为目标的 HTTP 通道，是 HTTP 的安全版。在 HTTP 层下加入 SSL 层，HTTPS 的安全基础是 SSL 协议。

8.3.2　SSL 协议配置

为便于个人实验，可以在物理机中安装虚拟机软件 (例如 WMWare 软件)，并构建一台安装了 Windows Server 2003 服务器操作系统的虚拟机作为实验平台。在该虚拟机中首先安装配置互联网信息服务 (Internet Information Server，IIS)，实现 Web 服务器功能，然后安装配置证书服务器，用于数字证书的管理。在虚拟机中使用浏览器作为客户端，通过浏览器访问 Web 服务器。另外，安装数据包截取工具 (例如 Wireshark)，通过对数据包的分析来比较 SSL 协议配置前后数据包的区别。服务器、客户机之间的关系如图 8-11 所示。

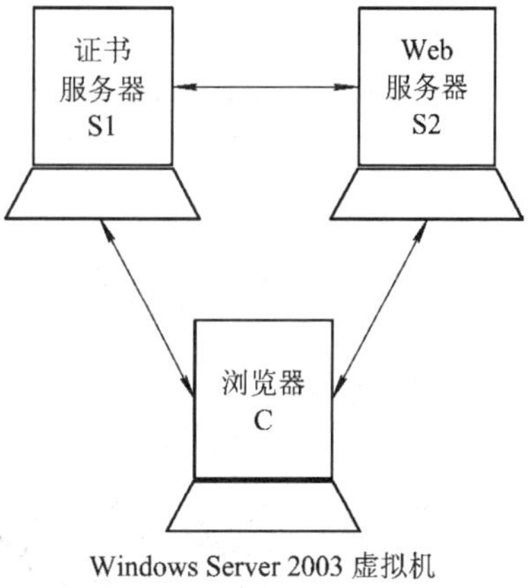

整体实验过程如下：

(1) S2 安装配置 IIS 服务，实现 Web 服务功能。

(2) S1 安装证书服务器，创建根 CA。

(3) S2 向 S1 申请并安装 Web 服务器证书。

(4) 设置 S2 的 Web 服务需要通过 SSL 协议访问。

(5) C 向 S1 申请下载并安装一个 CA 证书。

(6) C 通过 SSL 协议访问 S2 的 Web 服务。

图 8-11　服务器和客户机之间的关系

1. 部署 Web 服务器并创建网站

在 Windows Server 2003 虚拟机中通过 "添加 / 删除 Windows 组件" 安装 IIS。在该 Web 服务器中创建一个网站 newweb(网站使用的 IP 地址为 192.168.231.10，端口号默认 80)，并创建一个主页文件 index.htm。在浏览器的地址栏中输入 http://192.168.231.10/index.htm，访问新创建的网站，如图 8-12 所示，网站创建完成。

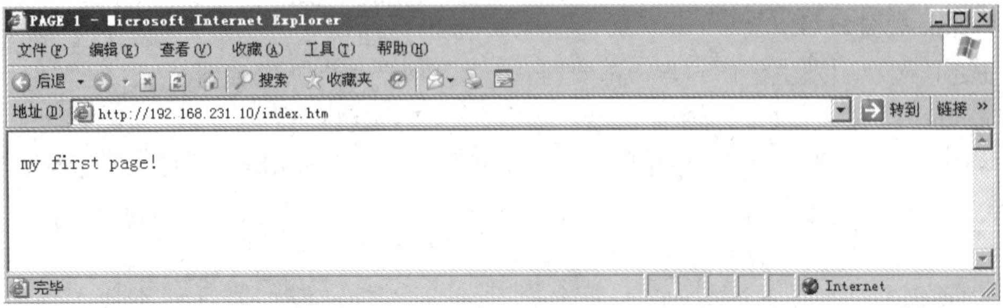

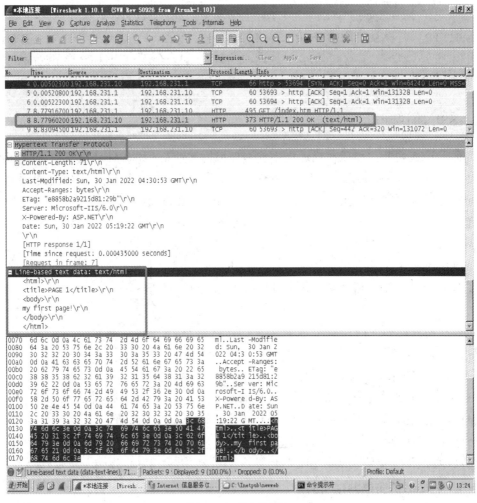

图 8-12 通过 HTTP 协议访问网站

使用抓包软件截取数据包，如图 8-13 所示。可以看到，页面内容全部为明文。

图 8-13 明文数据包

2. 部署证书服务器

在 Windows Server 2003 虚拟机中，通过 "添加 / 删除 Windows 组件" 选择安装证书服务器，如图 8-14 所示。

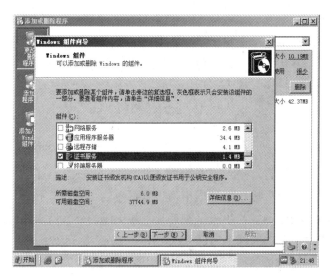

图 8-14　安装证书服务器

在证书服务器配置过程中，选择"独立根 CA"，正确设置"此 CA 的公用名称"（例如 wang99）以及"可分辨名称后缀"（DC = net），系统将为该 CA 生成密钥并保存在默认的证书数据库中。证书服务器配置好后，在计算机的"管理工具"中将增加"证书颁发机构"组件，如图 8-15 所示。

图 8-15　证书颁发机构

3. 为 Web 网站配置服务器证书

Web 网站将向证书服务器申请数字证书，证书服务器颁发数字证书，最后 Web 网站下载并安装数字证书。

1) 申请数字证书

(1) 在网站 wang99 上单击鼠标右键，选择"属性"，切换到"目录安全性"选项卡，单击"服务器证书"按钮。

(2) 单击"下一步"按钮,选择"新建证书"。

(3) 单击"下一步"按钮,选择"现在准备请求,但稍后发送"。

(4) 单击"下一步"按钮,输入名称"web",位长改为"1024"。

(5) 单击"下一步"按钮,输入组织"afz",部门"inf"。

(6) 单击"下一步"按钮,输入公用名称"wang99"。

(7) 单击"下一步"按钮,输入"省 / 市 / 县"等信息。

(8) 单击"下一步"按钮,输入证书请求文件名"c: \certreq.txt"。

(9) 连续单击"下一步"按钮,完成申请设置,单击"确定"按钮。

(10) 关闭 wang99 属性窗口,用记事本打开刚才生成的证书请求文件,可以看到内容是加密的,开头说明这是一个 CERTIFICATE REQUEST 文件。复制该证书请求文件的全部内容。

(11) 打开 IE 浏览器,访问证书服务 (例如 192.168.231.10/certsrv),选择"申请一个证书"链接。

(12) 选择"高级证书申请"。

(13) 选择"使用 base64 编码的 CMC 或 PKCS #10 文件提交一个证书申请,或使用 base64 编码的 PKCS #7 文件续订证书申请"。

(14) 将剪贴板中复制的内容粘贴到"保存的申请"文本框中,如图 8-16 所示。单击"提交"按钮完成申请。

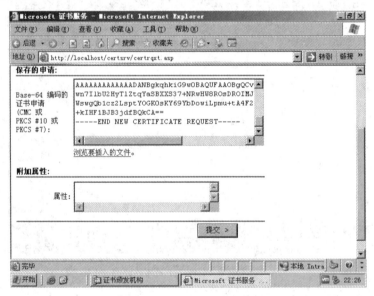

图 8-16 提交证书申请

2) 颁发数字证书

(1) 在虚拟机中启动"证书颁发机构"管理工具。

(2) 选择"挂起的申请"节点,使用鼠标右键单击用户申请的证书,选择"所有任务"→"颁发",如图 8-17 所示。

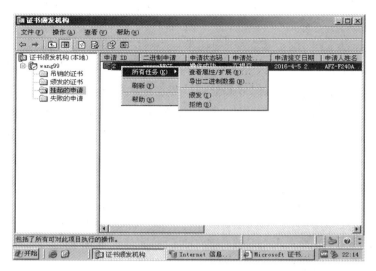

图 8-17　颁发证书

(3) 选择"颁发的证书"节点，可以看到刚刚颁发的证书。

3) Web 服务器下载并安装数字证书

(1) 在浏览器中访问证书服务器。

(2) 选择"查看挂起的证书申请状态"。

(3) 选择"保存的申请证书"。

(4) 选择"Base 64 编码"，单击"下载证书"，将证书保存到桌面。

(5) 在 Internet 信息服务管理工具中使用鼠标右键单击"wang99"→"属性"→"目录安全性"→"证书服务器"。

(6) 单击"下一步"按钮，选择"处理挂起的申请并安装证书"。

(7) 单击"下一步"按钮，选择"下载的数字证书文件"。

(8) 单击"下一步"按钮完成安装。图 8-18 所示的界面是刚刚颁发的数字证书。

图 8-18　数字证书

4. 配置 SSL 安全协议

在站点 newweb 的"属性"对话框中切换到"网站"选项卡，可以看到 SSL 端口已设置为 443。至此，Web 网站就具备了 SSL 安全通信功能，可以使用 HTTPS 协议访问。

在默认情况下，Web 网站对 HTTP 和 HTTPS 协议都支持。如果要强制客户端使用 HTTPS 协议，以"https://"开头的 URL 与 Web 网站建立 SSL 连接，还需要进一步设置 Web 服务器的 SSL 选项。

安全通信设置如图 8-19 所示。

(1) 在网站属性设置对话框中切换到"目录安全性"选项卡，在"安全通信"区域单击"编辑"按钮。

(2) 选中"要求安全通道 (SSL)"复选按钮，强制浏览器与 Web 网站建立 SSL 加密通信连接。如果进一步选中"要求 128 位加密"复选框,将强制 SSL 连接通道使用 128 位密钥。

(3) 此处选择"忽略客户端证书"按钮。

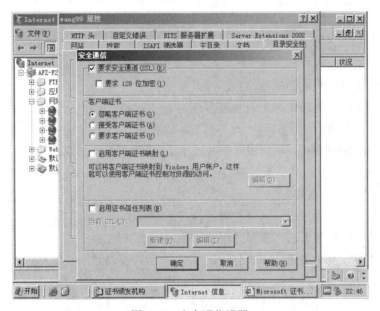

图 8-19　安全通信设置

5. 在客户端安装 CA 证书

在浏览器与服务器之间进行 SSL 连接之前，客户端必须能够信任颁发服务器证书的 CA，如果不要求对客户端进行证书验证，浏览器只需要安装根 CA 证书即可。

在向服务器申请证书时，选择"下载一个 CA 证书，证书链或 CRL"，然后"安装此 CA 证书链"即可。

另外，如果向某 CA 申请了客户端证书或其他证书，在客户端安装该证书时，如果以前从未安装该机构的根 CA 证书，系统将其添加到根证书存储区，使其成为受信任的根证书颁发机构。

6. 测试 SSL 连接

在浏览器窗口中通过 HTTPS 协议访问网站，在 wireshark 中截获数据包，可以看到客户端与服务器端交换的数据都是加密的，如图 8-20 所示。

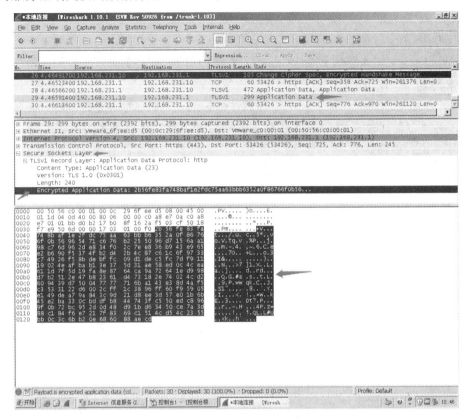

图 8-20　加密传输的数据包

习　　题

1. 填空题

(1) 数字证书的管理包括 (　　)、(　　)、(　　)、(　　)、(　　) 等。

(2) 数字证书的撤销有两种方式，分别是 (　　) 和 (　　)。

(3) SSL 协议位于 TCP/IP 协议的 (　　) 层和 (　　) 层之间。

(4) SSL 协议族包括的协议有 (　　)、(　　)、(　　)、(　　) 等。

2. 简答题

(1) 简述 X.509 数字证书的类型。

(2) 简述 X.509 数字证书 PKCS#12 数字证书的区别。

(3) 数字证书的发放有哪些方式，试对比他们的区别。

(4) 简述认证机构的主要职责。

(5) 简述不同信任模型之间的区别。

(6) 简述 SSL 协议的工作流程。

(7) 简述 SSL 记录协议的工作流程。

3. 拓展题

(1) Windows 操作系统的 EFS(加密文件系统) 功能能够实现用户文件的保密存储。请学习 EFS 并进行配置和测试。

(2) XCA 是一款密钥及数字证书管理软件。请通过 XCA 创建密钥和数字证书，并取代 Windows 系统证书服务器的作用，为 Web 服务器配置数字证书并实现通过 SSL 协议安全访问 Web 服务器的功能。

参 考 文 献

[1]   李发根，丁旭阳. 应用密码学 [M]. 西安：西安电子科技大学出版社，2020.

[2]   张敏情. 密码技术应用与实践 [M]. 西安：西安电子科技大学出版社，2021.

[3]   张薇，吴旭光. 应用密码学实验 [M]. 西安：西安电子科技大学出版社，2019.

[4]   范九伦，张雪锋，侯红霞. 新编密码学 [M]. 西安：西安电子科技大学出版社，2018.

[5]   任伟，许瑞，宋军. 现代密码学 [M]. 北京：机械工业出版社，2020.

[6]   任伟. 信息安全数学基础：算法、应用与实践 [M]. 2 版. 北京：清华大学出版社，
       2018.

[7]   陈恭亮. 信息安全数学基础 [M]. 2 版. 北京：清华大学出版社，2014.

[8]   廖旭金，王秀英，李颖，等. 工业控制系统信息安全技术与实践 [M]. 西安：西安电
       子科技大学出版社，2022.

[9]   刘宇峰，许向阳，苏浩，等. 分组密码 AES 的优化与设计 [J]. 计算机应用与软件，
       2020，37(1)：267-270，297.

[10]   聂一，郑博文，柴志雷. 基于异构可重构计算的 AES 加密系统研究 [J]. 计算机应
       用研究，2022，39(7)：2143-2148.

[11]   张新文，王佳. 基于可逆矩阵加密技术的保密通信数学模型 [J]. 西南师范大学学报
       (自然科学版)，2017，42(2)：166-170.

[12]   张勇，吴文华，唐颖军. 新型非等分 Feistel 网络数据加密算法 [J]. 小型微型计算机
       系统，2023，44(10)：2127-2136.

[13]   王秀英，杨峻，雷家浩. 简易版 AES 算法设计及教学实践 [J]. 信息与电脑 (理论版)，
       2023，35(3)：217-219.